普通高等教育
软件工程 "十二五"规划教材

12th Five-Year Plan Textbooks
of Software Engineering

工业和信息化普通高等教育
"十二五"规划教材

软件设计模式

（Java版）

程细柱 ◎ 编著

U0381937

Software Design
Pattern

人民邮电出版社
北京

图书在版编目（CIP）数据

软件设计模式：Java版 / 程细柱编著. -- 北京：
人民邮电出版社，2018.6（2022.12重印）
普通高等教育软件工程"十二五"规划教材
ISBN 978-7-115-47788-0

Ⅰ. ①软… Ⅱ. ①程… Ⅲ. ①JAVA语言—软件设计—
高等学校—教材 Ⅳ. ①TP312.8

中国版本图书馆CIP数据核字（2018）第010096号

内 容 提 要

本书从面向对象程序设计的 7 个基本原则出发，用浅显易懂、可视化的 UML 建模语言逐一介绍 GoF 的 23 种经典设计模式。全书共 9 章，内容包括设计模式基础、创建型模式（共 5 种）、结构型模式（共 7 种）、行为型模式（共 11 种）、设计模式实验指导。前 8 章每章包括教学目标、重点内容、小结和习题等内容，对各模式都介绍了模式的定义与特点、模式的结构与实现、模式的应用实例、模式的应用场景和模式的扩展。第 9 章为上机实验指导，可供读者实践与练习。本书配套有丰富的教学资源供下载，包括本书的课程标准、实验大纲、上机指导、相关案例的源代码、习题答案和电子课件等内容。

本书可作为高等院校计算机科学与技术、软件工程、信息系统与信息管理、电子商务等专业的程序设计类课程的教材，也可作为软件开发者的自学用书。

◆ 编　著　程细柱
　　责任编辑　张　斌
　　责任印制　沈　蓉　彭志环

◆ 人民邮电出版社出版发行　　北京市丰台区成寿寺路 11 号
　　邮编　100164　　电子邮件　315@ptpress.com.cn
　　网址　http://www.ptpress.com.cn
　　固安县铭成印刷有限公司印刷

◆ 开本：787×1092　1/16
　　印张：15.75　　　　　　　　2018 年 6 月第 1 版
　　字数：423 千字　　　　　　 2022 年 12 月河北第 11 次印刷

定价：49.80 元
读者服务热线：(010)81055256　印装质量热线：(010)81055316
反盗版热线：(010)81055315

随着软件开发复杂度的增加，软件开发成本变得越来越高。在软件设计中，提高代码的可复用性、可维护性、稳健性、安全性和可读性变得非常重要，GoF 的 23 种设计模式正好解决了其中的主要问题。

现在大多数高等院校的计算机科学与技术专业、软件工程专业都开设了软件设计模式的课程，有些院校的信息管理专业和物联网专业也开设了该课程。但是，目前市场上出现的此类书主要是专著，可作为教材的较少，而且大部分没有提供配套的教辅资源，不太适合作为本专科院校的教学用书。为了满足社会需求，让学生能充分掌握这 23 种设计模式，提高其软件开发能力，有必要编写适用于高校的教材。

本书采用"任务驱动"的教学方法，根据各种设计模式之间的关系和相似点组织教材目录，对每种模式提出产生背景，并用 UML 建模语言分析模式的结构，然后用简单易懂的实例加深学生对该模式的理解。本书的实例都取材于生活，且尽量提供丰富多彩的窗体程序开发，这是其他的教材中难见到的。本书重视编程训练，做到理论与实践相结合，每章包括：教学目标、重点内容、基本概念、基本原理、编程实例、应用场景、习题等多个方面的内容。另外，本书提供丰富的配套教学资源，主要包括本书的课程标准、实验大纲、上机指导、相关案例的源代码、习题答案和电子课件等内容。全书分为 9 章，各章的内容如下。

第 1 章　设计模式基础：主要介绍软件设计模式的产生背景、软件设计模式的定义与基本要素、软件设计模式的分类，以及学习软件设计模式的意义。另外，还介绍了后面各章要用到的 UML 类之间的关系，以及类图的画法。还重点讲解了软件设计必须遵循的 7 种面向对象设计原则。

第 2 章　创建型模式（上）：主要介绍创建型模式的特点和分类，以及单例模式与原型模式的定义与特点、结构与实现、应用场景和模式的扩展，并通过多个应用实例来说明模式的使用方法。

第 3 章　创建型模式（下）：主要介绍工厂方法模式、抽象工厂模式、建造者模式等 3 种创建型模式的定义、特点、结构与实现，并通过应用实例介绍了这 3 种创建型模式的实现方法，最后分析了它们的应用场景和扩展方向。

第 4 章　结构型模式（上）：主要介绍结构型模式的特点和分类，以及代理模式、适配器模式、桥接模式的定义、特点、结构、实现方法与扩展方向，并通过多个应用实例来说明这 3 种设计模式的应用场景和使用方法。

第 5 章　结构型模式（下）：主要介绍装饰模式、外观模式、享元模式、组合模式的定义、特点、结构、实现方法与扩展方向，并通过多个应用实例来说明这 4 种设计模式的应用场景和使用方法。

第 6 章　行为型模式（上）：主要介绍行为型模式的特点和分类，以及模板方法模式、策略模式、命令模式的定义、特点、结构、实现方法与扩展方向，并通过多个应用实例来说明这 3 种设计模式的应用场景和使用方法。

第 7 章　行为型模式（中）：主要介绍职责链模式、状态模式、观察者模式、中介者模式的定义、特点、结构、实现方法与扩展方向，并通过多个应用实例来说明这 4 种设计模式的应用场景和使用方法。

第 8 章　行为型模式（下）：主要介绍迭代器模式、访问者模式、备忘录模式、解释器模式的定义、特点、结构、实现方法与扩展方向，并通过多个应用实例来说明这 4 种设计模式的应用场景和使用方法。

第 9 章　设计模式实验指导：主要介绍类的基本概念和类之间关系，在 UMLet 中绘制类图的基本方法，以及创建型、结构型和行为型等 3 类设计模式的工作原理，并以工厂方法（Factory Method）模式、代理（Proxy）模式和观察者（Observer）模式为例介绍其相关类图的画法，以及应用相关设计模式开发应用程序的基本方法。每个实验都介绍了其实验目的、工作原理、实验内容、实验要求和实验步骤。

本书由程细柱编写，虽然在编写过程中倾注了大量心血，但书中难免存在疏漏和不足之处，恳请广大读者批评指正，本人不胜感谢。编者 E-mail：cxz973@qq.com。另外，本书免费提供的电子教案和源代码等相关教学资源，可从人邮教育网站（www.ryjiaoyu.com）下载。

编　者

2018 年 2 月

目 录

1 第1章　设计模式基础

📖**本章教学目标：**

- 了解软件设计模式的产生背景；
- 掌握软件设计模式的概念、意义和基本要素；
- 明白 GoF 的 23 种设计模式的分类与特点；
- 理解 UML 类之间的关系，并学会类图的画法；
- 正确理解面向对象的 7 种设计原则。

📖**本章重点内容：**

- GoF 的 23 种设计模式的分类与特点；
- UML 中的类之间的关系；
- UML 中的类图的画法；
- 面向对象的 7 种设计原则。

1.1　软件设计模式概述

本节是后面各章学习的基础，从整体上介绍软件设计模式的概念与特点、软件设计模式的基本要素，以及 GoF 的 23 种设计模式简介。

1.1.1　软件设计模式的产生背景

"设计模式"这个术语最初并不是出现在软件设计中，而是被用于建筑领域的设计中。1977 年，美国著名建筑大师、加利福尼亚大学伯克利分校环境结构中心主任克里斯托夫·亚历山大（Christopher Alexander）在他的著作《建筑模式语言：城镇、建筑、构造》（*A Pattern Language:Towns Building Construction*）中描述了一些常见的建筑设计问题，并提出了 253 种关于对城镇、邻里、住宅、花园和房间等进行设计的基本模式。1979 年他的另一部经典著作《建筑的永恒之道》（*The Timeless Way of Building*）进一步强化了设计模式的思想，为后来的建筑设计指明了方向。

1987 年，肯特·贝克（Kent Beck）和沃德·坎宁安（Ward Cunningham）首先将克里斯托夫·亚历山大的模式思想应用在 Smalltalk 中的图形用户接口的生成中，但没有引起软件界的关注。直到 1990 年，软件工程界才开始研讨设计模式的话题，后来召开了多次关于设计模式的研讨会。1995 年，艾瑞克·伽马（Erich Gamma）、理查德·海尔姆（Richard Helm）、拉尔夫·约翰森（Ralph Johnson）、约翰·威利斯迪斯

（John Vlissides）等 4 位作者合作出版了《设计模式：可复用面向对象软件的基础》（*Design Patterns: Elements of Reusable Object-Oriented Software*）一书，在此书中收录了 23 个设计模式，这是设计模式领域里程碑的事件，导致了软件设计模式的突破。这 4 位作者在软件开发领域里也以他们的"四人组"（Gang of Four，GoF）匿名著称。直到今天，狭义的设计模式还是这本书中所介绍的 23 种经典设计模式。

1.1.2 软件设计模式的概念与意义

有关软件设计模式的定义很多，有些从模式的特点来说明，有些从模式的作用来说明。本书给出的定义是大多数学者公认的，从以下两个方面来说明。

1. 软件设计模式的概念

软件设计模式（Software Design Pattern），又称设计模式，是一套被反复使用、多数人知晓的、经过分类编目的、代码设计经验的总结。它描述了在软件设计过程中的一些不断重复发生的问题，以及该问题的解决方案。也就是说，它是解决特定问题的一系列套路，是前辈们的代码设计经验的总结，具有一定的普遍性，可以反复使用。其目的是为了提高代码的可重用性、代码的可读性和代码的可靠性。

2. 学习设计模式的意义

设计模式的本质是面向对象设计原则的实际运用，是对类的封装性、继承性和多态性以及类的关联关系和组合关系的充分理解。正确使用设计模式具有以下优点。

（1）可以提高程序员的思维能力、编程能力和设计能力。

（2）使程序设计更加标准化、代码编制更加工程化，使软件开发效率大大提高，从而缩短软件的开发周期。

（3）使设计的代码可重用性高、可读性强、可靠性高、灵活性好、可维护性强。

当然，软件设计模式只是一个引导。在具体的软件开发中，必须根据设计的应用系统的特点和要求来恰当选择。对于简单的程序开发，可能写一个简单的算法要比引入某种设计模式更加容易。但对大项目的开发或者框架设计，用设计模式来组织代码显然更好。

1.1.3 软件设计模式的基本要素

软件设计模式使人们可以更加简单方便地复用成功的设计和体系结构，它通常包含以下几个基本要素：模式名称、别名、动机、问题、解决方案、效果、结构、模式角色、合作关系、实现方法、适用性、已知应用、例程、模式扩展和相关模式等，其中最关键的元素包括以下 4 个主要部分。

1. 模式名称

每一个模式都有自己的名字，通常用一两个词来描述，可以根据模式的问题、特点、解决方案、功能和效果来命名。模式名称（Pattern Name）有助于我们理解和记忆该模式，也方便我们来讨论自己的设计。

2. 问题

问题（Problem）描述了该模式的应用环境，即何时使用该模式。它解释了设计问题和问题存在的前因后果，以及必须满足的一系列先决条件。

3. 解决方案

模式问题的解决方案（Solution）包括设计的组成成分、它们之间的相互关系及各自的职责和协作方式。因为模式就像一个模板，可应用于多种不同场合，所以解决方案并不描述一个特定而具体的设计或实现，而是提供设计问题的抽象描述和怎样用一个具有一般意义的元素组合（类或对象的组合）来解决这个问题。

4. 效果

描述了模式的应用效果以及使用该模式应该权衡的问题，即模式的优缺点。主要是对时间和空间的衡量，以及该模式对系统的灵活性、扩充性、可移植性的影响，也考虑其实现问题。显式地列出这些效果（Consequence）对理解和评价这些模式有很大的帮助。

1.1.4　GoF 的 23 种设计模式简介

设计模式有两种分类方法，即根据模式的目的来分和根据模式的作用的范围来分。

1. 根据目的来分

根据模式是用来完成什么工作来划分，这种方式可分为创建型模式、结构型模式和行为型模式 3 种。

（1）创建型模式：用于描述"怎样创建对象"，它的主要特点是"将对象的创建与使用分离"。GoF 中提供了单例、原型、工厂方法、抽象工厂、建造者等 5 种创建型模式。

（2）结构型模式：用于描述如何将类或对象按某种布局组成更大的结构，GoF 中提供了代理、适配器、桥接、装饰、外观、享元、组合等 7 种结构型模式。

（3）行为型模式：用于描述类或对象之间怎样相互协作共同完成单个对象都无法单独完成的任务，以及怎样分配职责。GoF 中提供了模板方法、策略、命令、职责链、状态、观察者、中介者、迭代器、访问者、备忘录、解释器等 11 种行为型模式。

2. 根据作用范围来分

根据模式是主要用于类上还是主要用于对象上来分，这种方式可分为类模式和对象模式两种。

（1）类模式：用于处理类与子类之间的关系，这些关系通过继承来建立，是静态的，在编译时刻便确定下来了。GoF 中的工厂方法、（类）适配器、模板方法、解释器属于该模式。

（2）对象模式：用于处理对象之间的关系，这些关系可以通过组合或聚合来实现，在运行时刻是可以变化的，更具动态性。GoF 中除了以上 4 种，其他的都是对象模式。

表 1.1 介绍了这 23 种设计模式的分类。

表 1.1　GoF 的 23 种设计模式的分类表

范围\目的	创建型模式	结构型模式	行为型模式
类模式	工厂方法	（类）适配器	模板方法、解释器
对象模式	单例 原型 抽象工厂 建造者	代理 （对象）适配器 桥接 装饰 外观 享元 组合	策略 命令 职责链 状态 观察者 中介者 迭代器 访问者 备忘录

3. GoF 的 23 种设计模式的功能

前面说明了 GoF 的 23 种设计模式的分类，现在对各个模式的功能进行介绍。

（1）单例（Singleton）模式：某个类只能生成一个实例，该类提供了一个全局访问点供外部获取该实例，其拓展是有限多例模式。

（2）原型（Prototype）模式：将一个对象作为原型，通过对其进行复制而克隆出多个和原型类似的新实例。

（3）工厂方法（Factory Method）模式：定义一个用于创建产品的接口，由子类决定生产什么产品。

（4）抽象工厂（Abstract Factory）模式：提供一个创建产品族的接口，其每个子类可以生产一系列相关的产品。

（5）建造者（Builder）模式：将一个复杂对象分解成多个相对简单的部分，然后根据不同需要分别创建它们，最后构建成该复杂对象。

（6）代理（Proxy）模式：为某对象提供一种代理以控制对该对象的访问。即客户端通过代理间接地访问该对象，从而限制、增强或修改该对象的一些特性。

（7）适配器（Adapter）模式：将一个类的接口转换成客户希望的另外一个接口，使得原本由于接口不兼容而不能一起工作的那些类能一起工作。

（8）桥接（Bridge）模式：将抽象与实现分离，使它们可以独立变化。它是用组合关系代替继承关系来实现，从而降低了抽象和实现这两个可变维度的耦合度。

（9）装饰（Decorator）模式：动态的给对象增加一些职责，即增加其额外的功能。

（10）外观（Facade）模式：为多个复杂的子系统提供一个一致的接口，使这些子系统更加容易被访问。

（11）享元（Flyweight）模式：运用共享技术来有效地支持大量细粒度对象的复用。

（12）组合（Composite）模式：将对象组合成树状层次结构，使用户对单个对象和组合对象具有一致的访问性。

（13）模板方法（Template Method）模式：定义一个操作中的算法骨架，而将算法的一些步骤延迟到子类中，使得子类可以不改变该算法结构的情况下重定义该算法的某些特定步骤。

（14）策略（Strategy）模式：定义了一系列算法，并将每个算法封装起来，使它们可以相互替换，且算法的改变不会影响使用算法的客户。

（15）命令（Command）模式：将一个请求封装为一个对象，使发出请求的责任和执行请求的责任分割开。

（16）职责链（Chain of Responsibility）模式：把请求从链中的一个对象传到下一个对象，直到请求被响应为止。通过这种方式去除对象之间的耦合。

（17）状态（State）模式：允许一个对象在其内部状态发生改变时改变其行为能力。

（18）观察者（Observer）模式：多个对象间存在一对多关系，当一个对象发生改变时，把这种改变通知给其他多个对象，从而影响其他对象的行为。

（19）中介者（Mediator）模式：定义一个中介对象来简化原有对象之间的交互关系，降低系统中对象间的耦合度，使原有对象之间不必相互了解。

（20）迭代器（Iterator）模式：提供一种方法来顺序访问聚合对象中的一系列数据，而不暴露聚合对象的内部表示。

（21）访问者（Visitor）模式：在不改变集合元素的前提下，为一个集合中的每个元素提供多种访问方式，即每个元素有多个访问者对象访问。

（22）备忘录（Memento）模式：在不破坏封装性的前提下，获取并保存一个对象的内部状态，以便以后恢复它。

（23）解释器（Interpreter）模式：提供如何定义语言的文法，以及对语言句子的解释方法，即解释器。

必须指出，这 23 种设计模式不是孤立存在的，很多模式之间存在一定的关联关系，在大的系统开发中常常同时使用多种设计模式，希望读者认真学好它们。

1.2　UML 中的类图

1.2.1　统一建模语言简介

统一建模语言（Unified Modeling Language，UML）是用来设计软件蓝图的可视化建模语言，1997 年被国际对象管理组织（OMG）采纳为面向对象的建模语言的国际标准。它的特点是简单、统一、图形化、能表达软件设计中的动态与静态信息。它能为软件开发的所有阶段提供模型化和可视化支持。它融入了软件工程领域的新思想、新方法和新技术，使软件设计人员沟通更简明，进一步缩短了设计时间，减少开发成本。它的应用领域很宽，不仅适合于一般系统的开发，而且适合于并行与分布式系统的建模。

UML 从目标系统的不同角度出发，定义了用例图、类图、对象图、状态图、活动图、时序图、协作图、构件图、部署图等 9 种图。本书主要介绍软件设计模式中经常用到的类图，以及类之间的关系。另外，在实验部分将简单介绍 UML 建模工具的使用方法，当前业界使用最广泛的是 Rational Rose。使用 Umlet 的人也很多，它是一个轻量级的开源 UML 建模工具，简单实用，常用于小型软件系统的开发与设计。

1.2.2　类、接口和类图

1. 类

类（Class）是指具有相同属性、方法和关系的对象的抽象,它封装了数据和行为，是面向对象程序设计（OOP）的基础，具有封装性、继承性和多态性等三大特性。在 UML 中，类使用包含类名、属性和操作且带有分隔线的矩形来表示。

（1）类名（Name）是一个字符串，例如，Student。

（2）属性（Attribute）是指类的特性，即类的成员变量。UML 按以下格式表示：

［可见性］属性名：类型　［=默认值］

注意　"可见性"表示该属性对类外的元素是否可见，包括公有（Public）、私有（Private）、受保护（Protected）和朋友（Friendly）4 种，在类图中分别用符号+、-、#、~表示。

例如：

```
- name: String
```

（3）操作（Operations）是类的任意一个实例对象都可以使用的行为，是类的成员方法。UML按以下格式表示：

[可见性] 名称（参数列表）[: 返回类型]

例如：

```
+ display(): void。
```

图 1.1 所示是学生类的 UML 表示。

2. 接口

接口（Interface）是一种特殊的类，它具有类的结构但不可被实例化，只可以被子类实现。它包含抽象操作，但不包含属性。它描述了类或组件对外可见的动作。在 UML 中，接口使用一个带有名称的小圆圈来进行表示。

图 1.2 所示是图形类接口的 UML 表示。

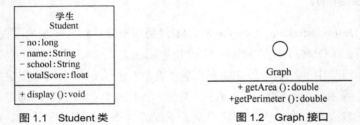

图 1.1 Student 类   图 1.2 Graph 接口

3. 类图

类图（Class Diagram）是用来显示系统中的类、接口、协作以及它们之间的静态结构和关系的一种静态模型。它主要用于描述软件系统的结构化设计，帮助人们简化对软件系统的理解，它是系统分析与设计阶段的重要产物，也是系统编码与测试的重要模型依据。类图中的类可以通过某种编程语言直接实现。类图在软件系统开发的整个生命周期都是有效的，它是面向对象系统的建模中最常见的图。图 1.3 所示是"计算长方形和圆形的周长与面积"的类图，图形接口有计算面积和周长的抽象方法，长方形和圆形实现这两个方法供访问类调用。

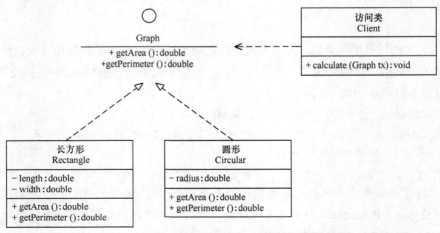

图 1.3 "计算长方形和圆形的周长与面积"的类图

1.2.3　类之间的关系

在软件系统中，类不是孤立存在的，类与类之间存在各种关系。根据类与类之间的耦合度从弱到强排列，UML 中的类图有以下几种关系：依赖关系、关联关系、聚合关系、组合关系、泛化关系和实现关系。其中泛化和实现的耦合度相等，它们是最强的。

1. 依赖关系

依赖（Dependency）关系是一种使用关系，它是对象之间耦合度最弱的一种关联方式，是临时性的关联。在代码中，某个类的方法通过局部变量、方法的参数或者对静态方法的调用来访问另一个类（被依赖类）中的某些方法来完成一些职责。在 UML 类图中，依赖关系使用带箭头的虚线来表示，箭头从使用类指向被依赖的类。图 1.4 所示是人与手机的关系图，人通过手机的语音传送方法打电话。

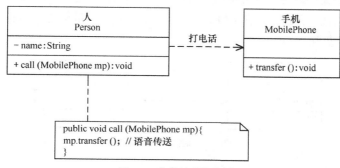

图 1.4　依赖关系的实例

2. 关联关系

关联（Association）关系是对象之间的一种引用关系，用于表示一类对象与另一类对象之间的联系，如老师和学生、师傅和徒弟、丈夫和妻子等。关联关系是类与类之间最常用的一种关系，分为一般关联关系、聚合关系和组合关系。我们先介绍一般关联。关联可以是双向的，也可以是单向的。在 UML 类图中，双向的关联可以用带两个箭头或者没有箭头的实线来表示，单向的关联用带一个箭头的实线来表示，箭头从使用类指向被关联的类。也可以在关联线的两端标注角色名，代表两种不同的角色。在代码中通常将一个类的对象作为另一个类的成员变量来实现关联关系。图 1.5 所示是老师和学生的关系图，每个老师可以教多个学生，每个学生也可向多个老师学，他们是双向关联。

图 1.5　关联关系的实例

3. 聚合关系

聚合（Aggregation）关系是关联关系的一种，是强关联关系，是整体和部分之间的关系，是 has-a 的关系。聚合关系也是通过成员对象来实现的，其中成员对象是整体对象的一部分，但是成员对象可以脱离整体对象而独立存在。例如，学校与老师的关系，学校包含老师，但如果学校停办了，老师依然存在。在 UML 类图中，聚合关系可以用带空心菱形的实线来表示，菱形指向整体。图 1.6 所示是大学和教师的关系图。

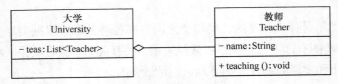

图 1.6　聚合关系的实例

4. 组合关系

组合（Composition）关系也是关联关系的一种，也表示类之间的整体与部分的关系，但它是一种更强烈的聚合关系，是 contains-a 关系。在组合关系中，整体对象可以控制部分对象的生命周期，一旦整体对象不存在，部分对象也将不存在，部分对象不能脱离整体对象而存在。例如，头和嘴的关系，没有了头，嘴也就不存在了。在 UML 类图中，组合关系用带实心菱形的实线来表示，菱形指向整体。图 1.7 所示是头和嘴的关系图。

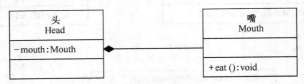

图 1.7　组合关系的实例

5. 泛化关系

泛化（Generalization）关系是对象之间耦合度最大的一种关系，表示一般与特殊的关系,是父类与子类之间的关系，是一种继承关系，是 is-a 的关系。在 UML 类图中，泛化关系用带空心三角箭头的实线来表示，箭头从子类指向父类。在代码实现时，使用面向对象的继承机制来实现泛化关系。例如，Student 类和 Teacher 类都是 Person 类的子类，其类图如图 1.8 所示。

6. 实现关系

实现（Realization）关系是接口与实现类之间的关系。在这种关系中，类实现了接口，类中的操作实现了接口中所声明的所有的抽象操作。在 UML 类图中，实现关系使用带空心三角箭头的虚线来表示，箭头从实现类指向接口。例如，汽车和船实现了交通工具，其类图如图 1.9 所示。

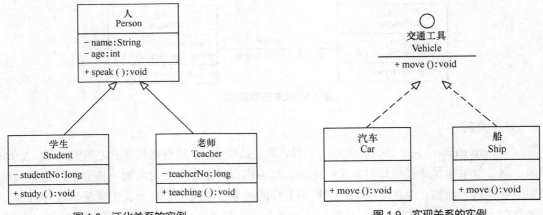

图 1.8　泛化关系的实例　　　　　　　　图 1.9　实现关系的实例

1.3 面向对象的设计原则

在软件开发中，为了提高软件系统的可维护性和可复用性，增加软件的可扩展性和灵活性，程序员要尽量根据以下 7 条原则来开发程序，从而提高软件开发效率、节约软件开发成本和维护成本。

1.3.1 开闭原则

1. 开闭原则的定义

开闭原则（Open Closed Principle，OCP）由勃兰特·梅耶（Bertrand Meyer）提出，他在 1988 年的著作《面向对象软件构造》（Object Oriented Software Construction）中提出：软件实体应当对扩展开放，对修改关闭（Software entities should be open for extension,but closed for modification），这就是开闭原则的经典定义。

这里的软件实体包括以下几个部分：①项目中划分出的模块；②类与接口；③方法。开闭原则的含义是：当应用的需求改变时，在不修改软件实体的源代码或者二进制代码的前提下，可以扩展模块的功能，使其满足新的需求。

2. 开闭原则的作用

开闭原则是面向对象程序设计的终极目标，它使软件实体拥有一定的适应性和灵活性的同时具备稳定性和延续性。具体来说，其作用如下。

（1）对软件测试的影响

软件遵守开闭原则的话，软件测试时只需要对扩展的代码进行测试就可以了，因为原有的测试代码仍然能够正常运行。

（2）可以提高代码的可复用性

粒度越小，被复用的可能性就越大；在面向对象的程序设计中，根据原子和抽象编程可以提高代码的可复用性。

（3）可以提高软件的可维护性

遵守开闭原则的软件，其稳定性高和延续性强，从而易于扩展和维护。

3. 开闭原则的实现方法

可以通过"抽象约束、封装变化"来实现开闭原则，即通过接口或者抽象类为软件实体定义一个相对稳定的抽象层，而将相同的可变因素封装在相同的具体实现类中。因为抽象灵活性好，适应性广，只要抽象的合理，可以基本保持软件架构的稳定。而软件中易变的细节可以从抽象派生来的实现类来进行扩展，当软件需要发生变化时，只需要根据需求重新派生一个实现类来扩展就可以了。下面以 Windows 的桌面主题为例介绍开闭原则的应用。

【例 1.1】 Windows 的桌面主题设计。

分析：Windows 的主题是桌面背景图片、窗口颜色和声音等元素的组合。用户可以根据自己的喜爱更换自己的桌面主题，也可以从网上下载新的主题。这些主题有共同的特点，可以为其定义一个抽象类（Abstract Subject），而每个具体的主题（Specific Subject）是其子类。用户窗体可以根据需要选择或者增加新的主题，而不需要修改原代码，所以它是满足开闭原则的，其类图如图 1.10 所示。

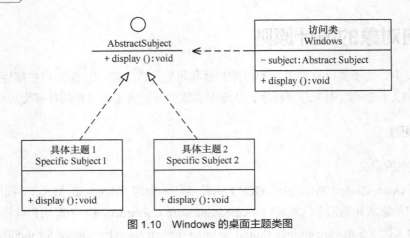

图 1.10　Windows 的桌面主题类图

1.3.2　里氏替换原则

1. 里氏替换原则的定义

里氏替换原则（Liskov Substitution Principle，LSP）由麻省理工学院计算机科学实验室的里斯科夫（Liskov）女士在 1987 年的"面向对象技术的高峰会议"（OOPSLA）上发表的一篇文章《数据抽象和层次》（Data Abstraction and Hierarchy）里提出来的，她提出：继承必须确保超类所拥有的性质在子类中仍然成立（Inheritance should ensure that any property proved about supertype objects also holds for subtype objects）。

里氏替换原则主要阐述了有关继承的一些原则，也就是什么时候应该使用继承，什么时候不应该使用继承，以及其中蕴含的原理。里氏替换原是继承复用的基础，它反映了基类与子类之间的关系，是对开闭原则的补充，是对实现抽象化的具体步骤的规范。

2. 里氏替换原则的作用

里氏替换原则的主要作用如下。

（1）里氏替换原则是实现开闭原则的重要方式之一。

（2）它克服了继承中重写父类造成的可复用性变差的缺点。

（3）它是动作正确性的保证。即类的扩展不会给已有的系统引入新的错误，降低了代码出错的可能性。

3. 里氏替换原则的实现方法

里氏替换原则通俗来讲就是：子类可以扩展父类的功能，但不能改变父类原有的功能。也就是说：子类继承父类时，除添加新的方法完成新增功能外，尽量不要重写父类的方法。如果通过重写父类的方法来完成新的功能，这样写起来虽然简单，但是整个继承体系的可复用性会比较差，特别是运用多态比较频繁时，程序运行出错的概率会非常大。

如果程序违背了里氏替换原则，则继承类的对象在基类出现的地方会出现运行错误。这时其修正方法是：取消原来的继承关系，重新设计它们之间的关系。

关于里氏替换原则的例子，最有名的是"正方形不是长方形"。当然，生活中也有很多类似的例子，例如，企鹅、鸵鸟和几维鸟从生物学的角度来划分，它们属于鸟类；但从类的继承关系来看，由于它们不能继承"鸟"会飞的功能，所以它们不能定义成"鸟"的子类。同样，由于"气球鱼"

不会游泳，所以不能定义成"鱼"的子类；"玩具炮"炸不了敌人，所以不能定义成"炮"的子类等。下面以"几维鸟不是鸟"为例来说明里氏替换原则。

【例 1.2】 里氏替换原则在"几维鸟不是鸟"实例中的应用。

分析：鸟一般都会飞行，如燕子的飞行速度大概是每小时 120 千米。但是新西兰的几维鸟由于翅膀退化无法飞行。假如要设计一个实例，计算这两种鸟飞行 300 千米要花费的时间。显然，拿燕子来测试这段代码，结果正确，能计算出所需要的时间；但拿几维鸟来测试，结果会发生"除零异常"或是"无穷大"，明显不符合预期，其类图如图 1.11 所示。

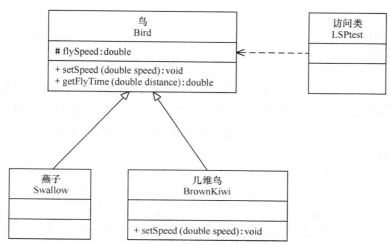

图 1.11　"几维鸟不是鸟"实例的类图

程序代码如下：

```java
package principle;
public class LSPtest {
    public static void main(String[] args) {
        Bird bird1=new Swallow();
        Bird bird2=new BrownKiwi();
        bird1.setSpeed(120);
        bird2.setSpeed(120);
        System.out.println("如果飞行 300 千米: ");
        try{
            System.out.println("燕子将飞行"+bird1.getFlyTime(300)+"小时.");
            System.out.println("几维鸟将飞行"+bird2.getFlyTime(300)+"小时。");
        }catch(Exception err){
            System.out.println("发生错误了!");
        }
    }
}
//鸟类
class Bird {
    double flySpeed;
    public void setSpeed(double speed) {
        flySpeed = speed;
    }
    public double getFlyTime(double distance){
        return(distance/flySpeed);
```

```
        }
    }
//燕子类
class Swallow extends Bird { }
//几维鸟类
class BrownKiwi extends Bird {
    public void setSpeed(double speed) {
        flySpeed = 0;
    }
}
```

程序的运行结果如下：

如果飞行 300 千米：

燕子将飞行 2.5 小时。

几维鸟将飞行 Infinity 小时。

程序运行错误的原因是：几维鸟类重写了鸟类的 setSpeed（double speed）方法，这违背了里氏替换原则。正确的做法是：取消几维鸟原来的继承关系，定义鸟和几维鸟的更一般的父类，如动物类，它们都有奔跑的能力。几维鸟的飞行速度虽然为 0，但奔跑速度不为 0，可以计算出其奔跑 300 千米所要花费的时间。其类图如图 1.12 所示。

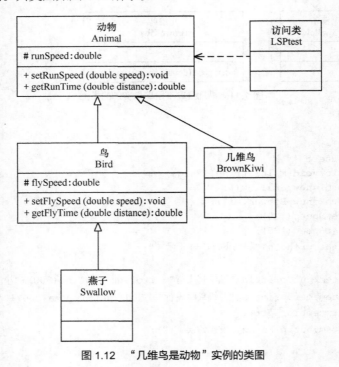

图 1.12 "几维鸟是动物"实例的类图

1.3.3 依赖倒置原则

1. 依赖倒置原则的定义

依赖倒置原则（Dependence Inversion Principle，DIP）是 Object Mentor 公司总裁罗伯特·马丁（Robert C. Martin）于 1996 年在 C++ Report 上发表的文章。其原始定义是：高层模块不应该依赖低层模块，两者都应该依赖其抽象；抽象不应该依赖细节，细节应该依赖抽象（High level modules should not depend upon low level modules. Both should depend upon abstractions. Abstractions should not depend upon details. Details should depend upon abstractions ）。其核心思想是：要面向接口编程，不要面向实现编程。

依赖倒置原则是实现开闭原则的重要途径之一，它降低了客户与实现模块之间的耦合。由于在软件设计中，细节具有多变性，而抽象层则相对稳定，因此以抽象为基础搭建起来的架构要比以细节为基础搭建起来的架构要稳定得多。这里的抽象指的是接口或者抽象类，而细节是指具体的实现类。使用接口或者抽象类的目的是制定好规范和契约，而不去涉及任何具体的操作，把展现细节的任务交给它们的实现类去完成。

2.　依赖倒置原则的作用

依赖倒置原则的主要作用如下。

（1）依赖倒置原则可以降低类间的耦合性。

（2）依赖倒置原则可以提高系统的稳定性。

（3）依赖倒置原则可以减少并行开发引起的风险。

（4）依赖倒置原则可以提高代码的可读性和可维护性。

3.　依赖倒置原则的实现方法

依赖倒置原则的目的是通过要面向接口的编程来降低类间的耦合性，所以我们在实际编程中只要遵循以下 4 点，就能在项目中满足这个规则。

（1）每个类尽量提供接口或抽象类，或者两者都具备。

（2）变量的声明类型尽量是接口或者是抽象类。

（3）任何类都不应该从具体类派生。

（4）使用继承时尽量遵循里氏替换原则。

下面以"顾客购物程序"为例来说明依赖倒置原则的应用。

【例 1.3】　依赖倒置原则在"顾客购物程序"中的应用。

分析：本程序反映了"顾客类"与"商店类"的关系。商店类中有 sell() 方法，顾客类通过该方法购物，以下代码定义了顾客类通过韶关网店 ShaoguanShop 购物：

```
class Customer{
    public void shopping(ShaoguanShop shop){ //购物
        System.out.println(shop.sell());
    }
}
```

但是，这种设计存在缺点，如果该顾客想从另外一家商店（如婺源网店 WuyuanShop）购物，就要将该顾客的代码修改如下：

```
class Customer{
    public void shopping(WuyuanShop shop){ //购物
        System.out.println(shop.sell());
    }
}
```

顾客每更换一家商店，都要修改一次代码，这明显违背了开闭原则。存在以上缺点的原因是：顾客类设计时同具体的商店类绑定了，这违背了依赖倒置原则。解决方法是：定义"婺源网店"和"韶关网店"的共同接口 Shop，顾客类面向该接口编程，其代码修改如下：

```
class Customer{
    public void shopping(Shop shop){ //购物
        System.out.println(shop.sell());
    }
}
```

这样，不管顾客类 Customer 访问什么商店，或者增加新的商店，都不需要修改原有代码了，其类图如图 1.13 所示。

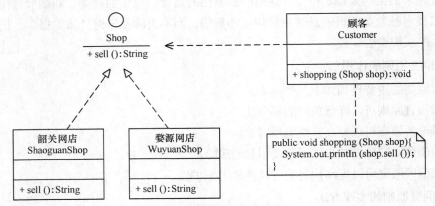

图 1.13　顾客购物程序的类图

程序代码如下：
```java
package principle;
public class DIPtest {
    public static void main(String[] args) {
        Customer wang = new Customer();
        System.out.println("顾客购买以下商品: ");
        wang.shopping(new ShaoguanShop());
        wang.shopping(new WuyuanShop());
    }
}
//商店
interface Shop{
    public String sell(); //卖
}
//韶关网店
class ShaoguanShop implements Shop {
    public String sell(){
        return "韶关土特产: 香菇、木耳……";
    }
}
//婺源网店
class WuyuanShop implements Shop{
    public String sell(){
        return "婺源土特产: 绿茶、酒糟鱼……";
    }
}
//顾客
class Customer{
    public void shopping(Shop shop){ //购物
```

```
        System.out.println(shop.sell());
    }
}
```

程序的运行结果如下：

顾客购买以下商品：

韶关土特产：香菇、木耳……

婺源土特产：绿茶、酒糟鱼……

1.3.4 单一职责原则

1. 单一职责原则的定义

单一职责原则（Single Responsibility Principle，SRP）又称单一功能原则，由罗伯特·C. 马丁（Robert C. Martin）于《敏捷软件开发：原则、模式和实践》一书中提出的。这里的职责是指类变化的原因，单一职责原则规定一个类应该有且仅有一个引起它变化的原因，否则类应该被拆分（There should never be more than one reason for a class to change）。

该原则提出对象不应该承担太多职责，如果一个对象承担了太多的职责，至少存在以下两个缺点：①一个职责的变化可能会削弱或者抑制这个类实现其他职责的能力；②当客户端需要该对象的某一个职责时，不得不将其他不需要的职责全都包含进来，从而造成冗余代码或代码的浪费。

2. 单一职责原则的优点

单一职责原则的核心就是控制类的粒度大小、将对象解耦、提高其内聚性。如果遵循单一职责原则将有以下优点。

（1）降低类的复杂度。一个类只负责一项职责，其逻辑肯定要比负责多项职责简单得多。

（2）提高类的可读性。复杂性降低，自然其可读性会提高。

（3）提高系统的可维护性。可读性提高，那自然更容易维护了。

（4）变更引起的风险降低。变更是必然的，如果单一职责原则遵守得好，当修改一个功能时，可以显著降低对其他功能的影响。

3. 单一职责原则的实现方法

单一职责原则是最简单但又最难运用的原则，需要设计人员发现类的不同职责并将其分离，再封装到不同的类或模块中。而发现类的多重职责需要设计人员具有较强的分析设计能力和相关重构经验。下面以大学学生工作管理程序为例介绍单一职责原则的应用。

【例 1.4】 大学学生工作管理程序。

分析：大学学生工作主要包括学生生活辅导和学生学业指导两个方面的工作，其中生活辅导主要包括班委建设、出勤统计、心理辅导、费用催缴、班级管理等工作，学业指导主要包括专业引导、学习辅导、科研指导、学习总结等工作。如果将这些工作交给一位老师负责显然不合理，正确的做法是生活辅导由辅导员负责，学业指导由学业导师负责，其类图如图 1.14 所示。

注意 单一职责同样也适用于方法。一个方法应该尽可能做好一件事情。如果一个方法处理的事情太多，其颗粒度会变得很粗，不利于重用。

15

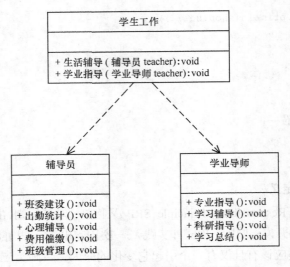

图 1.14　大学学生工作管理程序的类图

1.3.5　接口隔离原则

1.　接口隔离原则的定义

接口隔离原则（Interface Segregation Principle，ISP）要求程序员尽量将臃肿庞大的接口拆分成更小的和更具体的接口，让接口中只包含客户感兴趣的方法。2002 年罗伯特·C. 马丁给"接口隔离原则"的定义是：客户端不应该被迫依赖于它不使用的方法（Clients should not be forced to depend on methods they do not use）。该原则还有另外一个定义：一个类对另一个类的依赖应该建立在最小的接口上（The dependency of one class to another one should depend on the smallest possible interface）。两个定义的含义是：要为各个类建立它们需要的专用接口，而不要试图去建立一个很庞大的接口供所有依赖它的类去调用。

接口隔离原则和单一职责都是为了提高类的内聚性、降低它们之间的耦合性，体现了封装的思想，但两者是不同的：①单一职责原则注重的是职责，而接口隔离原则注重的是对接口依赖的隔离；②单一职责原则主要是约束类，它针对的是程序中的实现和细节；接口隔离原则主要约束接口，主要针对抽象和程序整体框架的构建。

2.　接口隔离原则的优点

接口隔离原则是为了约束接口、降低类对接口的依赖性，遵循接口隔离原则有以下 5 个优点。

（1）将臃肿庞大的接口分解为多个粒度小的接口，可以预防外来变更的扩散，提高系统的灵活性和可维护性。

（2）接口隔离提高了系统的内聚性，减少了对外交互，降低了系统的耦合性。

（3）如果接口的粒度大小定义合理，能够保证系统的稳定性；但是，如果定义过小，则会造成接口数量过多，使设计复杂化；如果定义太大，灵活性降低，无法提供定制服务，给整体项目带来无法预料的风险。

（4）使用多个专门的接口还能够体现对象的层次，因为可以通过接口的继承，实现对总接口的定义。

（5）能减少项目工程中的代码冗余。过大的大接口里面通常放置许多不用的方法，当实现这个接口的时候，被迫设计冗余的代码。

3. 接口隔离原则的实现方法

在具体应用接口隔离原则时，应该根据以下几个规则来衡量。

（1）接口尽量小，但是要有限度。一个接口只服务于一个子模块或业务逻辑。

（2）为依赖接口的类定制服务。只提供调用者需要的方法，屏蔽不需要的方法。

（3）了解环境，拒绝盲从。每个项目或产品都有选定的环境因素，环境不同，接口拆分的标准就不同，深入了解业务逻辑。

（4）提高内聚，减少对外交互。使接口用最少的方法去完成最多的事情。

下面以学生成绩管理程序为例介绍接口隔离原则的应用。

【例 1.5】　学生成绩管理程序。

分析：学生成绩管理程序一般包含插入成绩、删除成绩、修改成绩、计算总分、计算均分、打印成绩信息、查询成绩信息等功能，如果将这些功能全部放到一个接口中显然不太合理，正确的做法是将它们分别放在输入模块、统计模块和打印模块等 3 个模块中，其类图如图 1.15 所示。

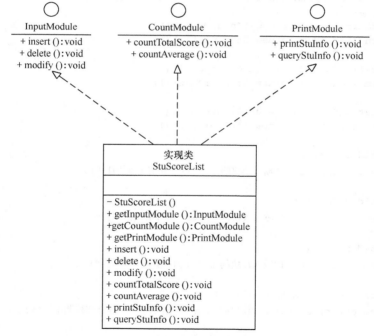

图 1.15　学生成绩管理程序的类图

程序代码如下：

```java
package principle;
public class ISPtest {
    public static void main(String[] args) {
        InputModule input =StuScoreList.getInputModule();
        CountModule count =StuScoreList.getCountModule();
        PrintModule print =StuScoreList.getPrintModule();
        input.insert();
        count.countTotalScore();
```

```
                print.printStuInfo();
        }
    }
    //输入模块接口
    interface InputModule{
        void insert();
        void delete();
        void modify();
    }
    //统计模块接口
    interface CountModule{
        void countTotalScore();
        void countAverage();
    }
    //打印模块接口
    interface PrintModule{
        void printStuInfo();
        void queryStuInfo();
    }
    //实现类
    class StuScoreList implements InputModule,CountModule,PrintModule{
        private StuScoreList(){}
        public static InputModule getInputModule(){
            return (InputModule)new StuScoreList();
        }
        public static CountModule getCountModule(){
            return (CountModule)new StuScoreList();
        }
        public static PrintModule getPrintModule(){
            return (PrintModule)new StuScoreList();
        }
        public void insert(){
            System.out.println("输入模块的 insert()方法被调用！");
        }
        public void delete(){
            System.out.println("输入模块的 delete()方法被调用！");
        }
        public void modify(){
            System.out.println("输入模块的 modify()方法被调用！");
        }
        public void countTotalScore(){
            System.out.println("统计模块的 countTotalScore()方法被调用！");
        }
        public void countAverage(){
            System.out.println("统计模块的 countAverage()方法被调用！");
        }
        public void printStuInfo(){
            System.out.println("打印模块的 printStuInfo()方法被调用！");
        }
        public void queryStuInfo(){
            System.out.println("打印模块的 queryStuInfo()方法被调用！");
        }
    }
```

程序的运行结果如下：

输入模块的 insert() 方法被调用！

统计模块的 countTotalScore() 方法被调用！

打印模块的 printStuInfo() 方法被调用！

1.3.6　迪米特法则

1. 迪米特法则的定义

迪米特法则（Law of Demeter，LoD）又叫作最少知识原则（Least Knowledge Principle，LKP），产生于 1987 年美国东北大学（Northeastern University）的一个名为迪米特（Demeter）的研究项目，由伊恩·荷兰（Ian Holland）提出，被 UML 创始者之一的布奇（Booch）普及，后来又因为在经典著作《程序员修炼之道》（*The Pragmatic Programmer*）提及而广为人知。

迪米特法则的定义是：只与你的直接朋友交谈，不跟"陌生人"说话（Talk only to your immediate friends and not to strangers）。其含义是：如果两个软件实体无须直接通信，那么就不应当发生直接的相互调用，可以通过第三方转发该调用。其目的是降低类之间的耦合度，提高模块的相对独立性。

迪米特法则中的"朋友"是指：当前对象本身、当前对象的成员对象、当前对象所创建的对象、当前对象的方法参数等，这些对象同当前对象存在关联、聚合或组合关系，可以直接访问这些对象的方法。

2. 迪米特法则的优点

迪米特法则要求限制软件实体之间通信的宽度和深度，正确使用迪米特法则将有以下两个优点。

（1）降低了类之间的耦合度，提高了模块的相对独立性。

（2）由于耦合度降低，从而提高了类的可复用率和系统的扩展性。

但是，过度使用迪米特法则会使系统产生大量的中介类，从而增加系统的复杂性，使模块之间的通信效率降低。所以，在采用迪米特法则时需要反复权衡，确保高内聚和低耦合的同时，保证系统的结构清晰。

3. 迪米特法则的实现方法

从迪米特法则的定义和特点可知，它强调以下两点：

● 从依赖者的角度来说，只依赖应该依赖的对象；

● 从被依赖者的角度说，只暴露应该暴露的方法。

所以，在运用迪米特法则时要注意以下 6 点。

（1）在类的划分上，应该创建弱耦合的类。类与类之间的耦合越弱，就越有利于实现可复用的目标。

（2）在类的结构设计上，尽量降低类成员的访问权限。

（3）在类的设计上，优先考虑将一个类设置成不变类。

（4）在对其他类的引用上，将引用其他对象的次数降到最低。

（5）不暴露类的属性成员，而应该提供相应的访问器（set 和 get 方法）。

（6）谨慎使用序列化（Serializable）功能。

【例 1.6】 明星与经纪人的关系实例。

分析：明星由于全身心投入艺术，所以许多日常事务由经纪人负责处理，如与粉丝的见面会，与媒体公司的业务洽淡等。这里的经纪人是明星的朋友，而粉丝和媒体公司是陌生人，所以适合使用迪米特法则，其类图如图 1.16 所示。

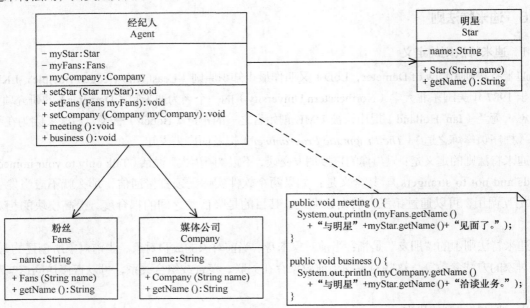

图 1.16　明星与经纪人的关系图

程序代码如下：

```java
package principle;
public class LoDtest {
    public static void main(String[] args) {
        Agent agent=new Agent();
        agent.setStar(new Star("林心如"));
        agent.setFans(new Fans("粉丝韩丞"));
        agent.setCompany(new Company("中国传媒有限公司"));
        agent.meeting();
        agent.business();
    }
}
//经纪人
class Agent{
    private Star myStar;
    private Fans myFans;
    private Company myCompany;
    public void setStar(Star myStar){
        this.myStar=myStar;
    }
    public void setFans(Fans myFans){
        this.myFans=myFans;
    }
    public void setCompany(Company myCompany){
        this.myCompany=myCompany;
    }
    public void meeting() {
```

```
                System.out.println(myFans.getName()+"与明星"+myStar.getName()+"见面了。");
            }
            public void business() {
                System.out.println(myCompany.getName()+"与明星"+myStar.getName()+"洽淡业务。");
            }
        }
        //明星
        class Star {
            private String name;
            Star(String name){
                this.name=name;
            }
            public String getName(){
                return name;
            }
        }
        //粉丝
        class Fans{
            private String name;
            Fans(String name){
                this.name=name;
            }
            public String getName(){
                return name;
            }
        }
        //媒体公司
        class Company{
            private String name;
            Company(String name){
                this.name=name;
            }
            public String getName(){
                return name;
            }
        }
```

程序的运行结果如下：

粉丝韩承与明星林心如见面了。

中国传媒有限公司与明星林心如洽淡业务。

1.3.7　合成复用原则

1. 合成复用原则的定义

合成复用原则（Composite Reuse Principle，CRP）又叫组合/聚合复用原则（Composition/Aggregate Reuse Principle，CARP）。它要求在软件复用时，要尽量先使用组合或者聚合等关联关系来实现，其次才考虑使用继承关系来实现。如果要使用继承关系，则必须严格遵循里氏代换原则。合成复用原则同里氏代换原则相辅相成的，两者都是开闭原则的具体实现规范。

2. 合成复用原则的重要性

（1）通常类的复用分为继承复用和合成复用两种，继承复用虽然有简单和易实现的优点，但它也存在以下缺点。

① 继承复用破坏了类的封装性。因为继承会将父类的实现细节暴露给子类，父类对子类是透明

的，所以这种复用又称为"白箱"复用。

② 子类与父类的耦合度高。父类的实现的任何改变都会导致子类的实现发生变化，这不利于类的扩展与维护。

③ 它限制了复用的灵活性。从父类继承而来的实现是静态的，在编译时已经定义，所以在运行时不可能发生变化。

（2）采用组合或聚合复用时，可以将已有对象纳入新对象中，使之成为新对象的一部分，新对象可以调用已有对象的功能，它有以下优点。

① 它维持了类的封装性。因为成分对象的内部细节是新对象看不见的，所以这种复用又称为"黑箱"复用。

② 新旧类之间的耦合度低。这种复用所需的依赖较少，新对象存取成分对象的唯一方法是通过成分对象的接口。

③ 复用的灵活性高。这种复用可以在运行时动态进行，新对象可以动态地引用与成分对象类型相同的对象。

3. 合成复用原则的实现方法

合成复用原则是通过将已有的对象纳入新对象中，作为新对象的成员对象来实现的，新对象可以调用已有对象的功能，从而达到复用。下面以汽车分类管理程序为例来介绍合成复用原则的应用。

【例 1.7】 汽车分类管理程序。

分析：汽车按"动力源"划分可分为汽油汽车、电动汽车等；按"颜色"划分可分为白色汽车、黑色汽车和红色汽车等。如果同时考虑这两种分类，其组合就很多。图 1.17 所示是用继承关系实现的汽车分类的类图。

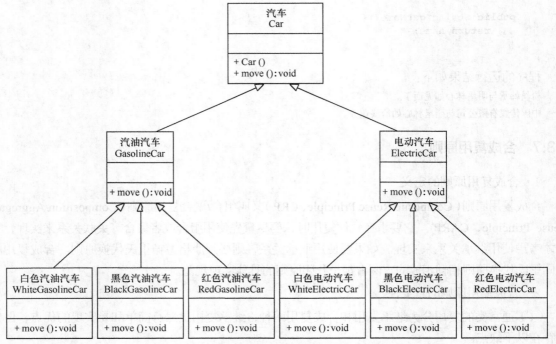

图 1.17 用继承关系实现的汽车分类的类图

从图 1.17 可以看出用继承关系实现会产生很多子类，而且增加新的"颜色"都要修改源代码，这违背了开闭原则，显然不可取。但如果改用组合关系实现就能很好地解决以上问题，其类图如图 1.18 所示。

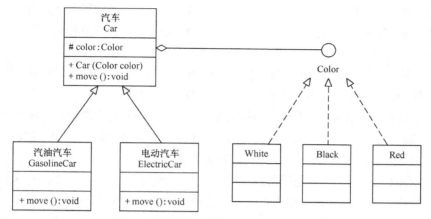

图 1.18 用组合关系实现的汽车分类的类图

1.3.8 7 种设计原则的要点

以上介绍了 7 种设计原则，它们是软件设计模式必须尽量遵循的原则，各种原则要求的侧重点不同。其中，开闭原则是总纲，它告诉我们要对扩展开放，对修改关闭；里氏替换原则告诉我们不要破坏继承体系；依赖倒置原则告诉我们要面向接口编程；单一职责原则告诉我们实现类要职责单一；接口隔离原则告诉我们在设计接口的时候要精简单一；迪米特法则告诉我们要降低耦合度；合成复用原则告诉我们要优先使用组合或者聚合关系复用，少用继承关系复用。

1.4 本章小结

本章主要介绍了软件设计模式的产生背景、软件设计模式的定义与基本要素、软件设计模式的分类，以及学习软件设计模式的意义；另外，还介绍了后面各章要用到的 UML 类之间的关系，及类图的画法。重点讲解了设计模式必须遵循的面向对象的 7 种设计原则。

1.5 习题

一、名词解释

设计模式、依赖关系、关联关系、聚合关系、组合关系、泛化关系、实现关系、开闭原则、里氏替换原则、依赖倒置原则、单一职责原则、接口隔离原则、迪米特法则、合成复用原则。

二、单选题

1. 以下对开闭原则的描述错误的是（　　　）。

　　A. 开闭原则与"对可变性的封装原则"没有相似性

　　B. 找到一个系统的可变元素,将它封装起来,叫开闭原则

C. 对修改关闭，是其原则之一

D. 从抽象层导出一个或多个新的具体类可以改变系统的行为,是其原则之一

2. 常用的基本设计模式可分为（　　　）。

    A. 创建型、结构型和行为型　　　　　　　　B. 对象型、结构型和行为型

    C. 过程型、结构型和行为型　　　　　　　　D. 抽象型、接口型和实现型

3. 开闭原则的含义是一个软件实体（　　　）。

    A. 应当对扩展开放，对修改关闭　　　　　　B. 应当对修改开放，对扩展关闭

    C. 应当对继承开放，对修改关闭　　　　　　D. 以上都不对

4. 要依赖于抽象，不要依赖于具体，即针对接口编程，不要针对实现编程，是（　　　）的表述。

    A. 开闭原则　　　　B. 接口隔离原则　　　　C. 里氏替换原则　　　　D. 依赖倒置原则

5. "不要和陌生人说话"是（　　　）原则的通俗表述。

    A. 接口隔离　　　　B. 里氏替换　　　　C. 依赖倒置　　　　D. 迪米特

6. 依据设计模式思想,程序开发中应优先使用的是（　　　）关系实现复用。

    A. 组合　　　　B. 继承　　　　C. 创建　　　　D. 以上都不对

7. 设计模式的两大主题是（　　　）。

    A. 系统的维护与开发　　　　　　　　　　　B. 对象组合与类的继承

    C. 系统架构与系统开发　　　　　　　　　　D. 系统复用与系统扩展

8. 对违反里氏替换原则的两个类，可以采用的候选解决方案错误的是（　　　）。

    A. 创建一个新的抽象类 C，作为两个具体类的超类，将 A 和 B 共同的行为移动到 C 中，从而解决 A 和 B 行为不完全一致的问题。

    B. 将 B 到 A 的继承关系改组成委派关系。

    C. 区分是 "is-a" 还是"has-a"。如果是 "is-a"，可以使用继承关系，如果是 "has-a" 应该改成委派关系

    D. 以上方案错误

9. 对象组合的优点表述不当的是（　　　）。

    A. 容器类仅能通过被包含对象的接口来对其进行访问

    B. "黑盒"复用，封装性好，因为被包含对象的内部细节对外是不可见

    C. 通过获取指向其他的具有相同类型的对象引用，可以在运行期间动态地定义（对象的）组合

    D. 造成极其严重的依赖关系

10. 对依赖倒置的表述错误的是（　　　）。

    A. 依赖于抽象而不依赖于具体，也就是针对接口编程

    B. 依赖倒置的接口并非语法意义上的接口，而是一个类对其他对象进行调用时所知道的方法集合

    C. 从选项 B 的角度论述，一个对象可以有多个接口

    D. 实现了同一接口的对象，可以在运行期间，顺利地进行替换。而且不必知道所示用的对象是哪个实现类的实例

    E. 此题没有正确答案

11. 下列属于面向对象基本原则的是（　　　）。

    A. 继承　　　　　　　　B. 封装　　　　　　　C. 里氏替换　　　　D. 都不是

12. 设计模式的原理（　　　）。

    A. 面对实现编程　　　B. 面向对象编程　　　C. 面向接口编程　　D. 面向组合编程

13. 设计模式一般用来解决（　　　）。

    A. 同一问题的不同表相　　　　　　　　　B. 不同问题的同一表相

    C. 不同问题的不同表相　　　　　　　　　D. 以上都不是

三、多选题

1. 以下是模式的基本要素的是（　　　）。

    A. 名称　　　　　　　　B. 意图　　　　　　　C. 解决方案　　　　D. 参与者和协作者

2. 面向对象系统中功能复用的最常用技术是（　　　）。

    A. 类继承　　　　　　　B. 对象组合　　　　　C. 使用抽象类　　　D. 使用实现类

3. 以下（　　　）通过应用设计模式能够解决。

    A. 指定对象的接口　　　　　　　　　　　B. 排除软件 bug

    C. 确定软件的功能都正确实现　　　　　　D. 设计应支持变化

4. 常用的描述设计模式的格式有（　　　）。

    A. 意图　　　　　　　　B. 动机　　　　　　　C. 适用性　　　　　D. 结构

四、填空题

1. 面向对象的 7 条基本原则包括：开闭原则、里氏替换原则、合成复用原则以及_____、_____、_____、接口隔离原则。

2. 设计模式的基本要素有_____、_____、_____、_____、_____、_____和相关设计模式。

3. 在存在继承关系的情况下，方法向_____方向集中，而数据向_____方向集中。

4. 设计模式的思想根源是_____基本原则的宏观运用，本质上是没有任何模式的，发现模式的人永远是大师，而死守模式的人，最多只能是一个工匠。

5. 用例是从_____的观点对系统行为的一个描述。

6. _____原则要求抽象不应该依赖于细节，细节应当依赖于抽象。

7. 依据设计模式思想,程序开发中应优先使用的是_____关系实现复用。

8. 常用的基本设计模式可分为：创建型、_____和_____。

9. "要依赖于抽象，不要依赖于具体，即针对接口编程，不要针对实现编程"是_____原则的表述。

10. _____原则应当对扩展开放，对修改关闭。

11. 一个软件产品是否成功，因素有：_____、_____、_____、软件的管理是否合理。

12. 开发过程中最困难的一个环节是_____。

13. 在找出了类的继承关系后，通常可以用_____来表示最上层的基类。

14. 设计模式的基本要素有_____、_____、_____、实施后达到的效果。

15. 面向对象系统中功能复用的两种最常用技术是_____和_____。

16. 面向对象系统中的"黑箱"复用是指_____。

17. 设计模式中应优先使用的复用技术是_____而不是_____。

18. 对象组合是通过获得_____而在运行时刻动态定义的。

五、简答题

1. 设计模式按类型分为哪三类？简要叙述各类型的含义。

2. 设计模式具有哪些优点？

3. 设计模式一般有哪几个基本要素？

4. 学习设计模式有什么意义？

5. UML 类图中类之间存在哪几种关系？请根据类与类之间的耦合度从弱到强排列。

6. 面向对象程序设计有哪几种设计原则？各有什么特点？

2

第2章 创建型模式（上）

📖 **本章教学目标：**
- 掌握单例模式与原型模式的定义与特点、结构与实现；
- 熟悉使用单例模式与原型模式开发应用程序；
- 了解创建型模式的特点和分类与扩展。

📖 **本章重点内容：**
- 创建型模式的特点和分类；
- 单例模式的定义、特点、结构、实现与应用场景；
- 原型模式的定义、特点、结构、实现与应用场景；
- 单例模式与原型模式的常见扩展。

2.1 创建型模式概述

创建型模式的主要关注点是"怎样创建对象？"，它的主要特点是"将对象的创建与使用分离"。这样可以降低系统的耦合度，使用者不需要关注对象的创建细节，对象的创建由相关的工厂来完成。就像我们去商场购买商品时，不需要知道商品是怎么生产出来一样，因为它们由专门的厂商生产。

创建型模式分为以下几种。

（1）单例（Singleton）模式：某个类只能生成一个实例，该类提供了一个全局访问点供外部获取该实例，其拓展是有限多例模式。

（2）原型（Prototype）模式：将一个对象作为原型，通过对其进行复制而克隆出多个和原型类似的新实例。

（3）工厂方法（Factory Method）模式：定义一个用于创建产品的接口，由子类决定生产什么产品。

（4）抽象工厂（Abstract Factory）模式：提供一个创建产品族的接口，其每个子类可以生产一系列相关的产品。

（5）建造者（Builder）模式：将一个复杂对象分解成多个相对简单的部分，然后根据不同需要分别创建它们，最后构建成该复杂对象。

以上 5 种创建型模式，除了工厂方法模式属于类创建型模式，其他的全部属于对象创建型模式，下面分别用两章来详细介绍它们的特点、结构与应用。

2.2　单例模式

在有些系统中，为了节省内存资源、保证数据内容的一致性，对某些类要求只能创建一个实例，这就是所谓的单例模式。

2.2.1　模式的定义与特点

单例（Singleton）模式的定义：指一个类只有一个实例，且该类能自行创建这个实例的一种模式。例如，Windows 中只能打开一个任务管理器，这样可以避免因打开多个任务管理器窗口而造成内存资源的浪费，或出现各个窗口显示内容的不一致等错误。在计算机系统中，还有 Windows 的回收站、操作系统中的文件系统、多线程中的线程池、显卡的驱动程序对象、打印机的后台处理服务、应用程序的日志对象、数据库的连接池、网站的计数器、Web 应用的配置对象、应用程序中的对话框、系统中的缓存管理等常常被设计成单例。

单例模式有 3 个特点：①单例类只有一个实例对象；②该单例对象必须由单例类自行创建；③单例类对外提供一个访问该单例的全局访问点。

2.2.2　模式的结构与实现

单例模式是设计模式中最简单的模式之一。通常，普通类的构造函数是公有的，外部类可以通过"new 构造函数()"来生成多个实例。但是，如果将类的构造函数设为私有的，外部类就无法调用该构造函数，也就无法生成多个实例。这时该类自身必须定义一个静态私有实例，并向外提供一个静态的公有函数用于创建或获取该静态私有实例。

下面来分析其基本结构和实现方法。

1. 模式的结构

单例模式的主要角色如下。

（1）单例类：包含一个实例且能自行创建这个实例的类。

（2）访问类：使用单例的类。

其结构如图 2.1 所示。

2. 模式的实现

Singleton 模式通常有两种实现形式。

（1）第 1 种：懒汉式单例。

该模式的特点是类加载时没有生成单例，只有当第一次调用 getInstance 方法时才去创建这个单例。代码如下：

```
public class LazySingleton{
    private static volatile LazySingleton instance=null;//保证 instance 在所有线程中同步
    private LazySingleton(){ } //private 避免类在外部被实例化
    public static synchronized LazySingleton getInstance(){//getInstance 方法前加同步
        if(instance==null){
            instance=new LazySingleton();
```

```
            }
        return instance;
        }
    }
```

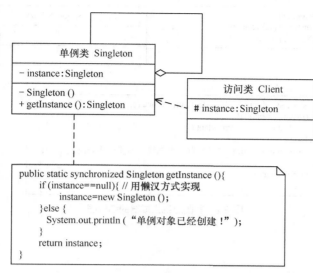

图 2.1　单例模式的结构图

注意　如果编写的是多线程程序，则不要删除上例代码中的关键字 volatile 和 synchronized，否则将存在线程非安全的问题。如果不删除这两个关键字就能保证线程安全，但是每次访问时都要同步，会影响性能，且消耗更多的资源，这是懒汉式单例的缺点。

（2）第 2 种：饿汉式单例。

该模式的特点是类一旦加载就创建一个单例，保证在调用 getInstance 方法之前单例已经存在了。

```
public class HungrySingleton{
    private static final HungrySingleton instance = new HungrySingleton();
    private HungrySingleton(){ }
    public static HungrySingleton getInstance(){
        return instance;
    }
}
```

饿汉式单例在类创建的同时就已经创建好一个静态的对象供系统使用，以后不再改变，所以是线程安全的，可以直接用于多线程而不会出现问题。

2.2.3　模式的应用实例

【例 2.1】　用懒汉式单例模式模拟产生美国当今总统对象。

分析：在每一届任期内，美国的总统只有一人，所以本实例适合用单例模式实现，图 2.2 所示是用懒汉式单例实现的结构图。

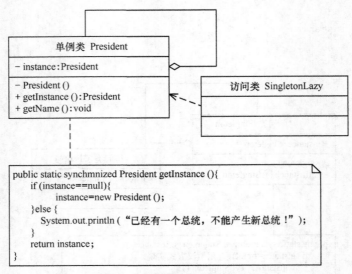

图 2.2　美国总统生成器的结构图

程序代码如下：

```
package singleton
public class SingletonLazy {
    public static void main(String[] args) {
        President zt1 = President.getInstance();
        zt1.getName();// 输出总统的名字
        President zt2 = President.getInstance();
        zt2.getName();// 输出总统的名字
        if (zt1 == zt2) {
            System.out.println("他们是同一人！");
        }else {
            System.out.println("他们不是同一人！");
        }
    }
}
class President{
    private static volatile President instance=null;//保证instance在所有线程中同步
    private President(){  System.out.println("产生一个总统！"); } //private避免类在外部被
实例化
    public static synchronized President getInstance(){ //在getInstance方法上加同步
        if(instance==null){
            instance=new President();
        }else {
            System.out.println("已经有一个总统，不能产生新总统！");
        }
        return instance;
    }
    public void getName() {
        System.out.println("我是美国总统：特朗普。");
    }
}
```

程序运行结果如下：

产生一个总统！

我是美国总统：特朗普。

已经有一个总统，不能产生新总统！

我是美国总统：特朗普。

他们是同一人！

【例 2.2】 用饿汉式单例模式模拟产生猪八戒对象。

分析：同上例类似，猪八戒也只有一个，所以本实例同样适合用单例模式实现。本实例由于要显示猪八戒的图像，所以用到了框架窗体 JFrame 组件，这里的猪八戒类是单例类，可以将其定义成面板 JPanel 的子类，里面包含了标签，用于保存猪八戒的图像，客户窗体可以获得猪八戒对象，并显示他。图 2.3 所示是用饿汉式单例实现的结构图。

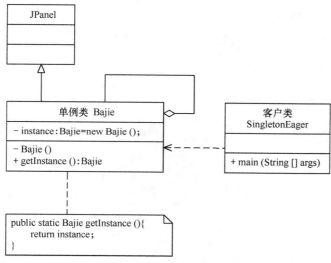

图 2.3　猪八戒生成器的结构图

程序代码如下：

```
package singleton
import java.awt.*;
import javax.swing.*;
public class SingletonEager {
    public static void main(String[] args) {
        JFrame jf = new JFrame("饿汉单例模式测试");
        jf.setLayout(new GridLayout(1,2));
        Container contentPane = jf.getContentPane();
        Bajie obj1 = Bajie.getInstance();
        contentPane.add(obj1);
        Bajie obj2 = Bajie.getInstance();
        contentPane.add(obj2);
        if (obj1 == obj2) {
            System.out.println("他们是同一人！");
        }else {
            System.out.println("他们不是同一人！");
        }
        jf.pack();
        jf.setVisible(true);
        jf.setDefaultCloseOperation(JFrame.EXIT_ON_CLOSE);
```

```
    }
}
//单例类：猪八戒
class Bajie extends JPanel{
    private static Bajie instance=new Bajie();
    private Bajie(){
        JLabel l1 = new JLabel(new ImageIcon("src/singleton/Bajie.jpg"));
        this.add(l1);
    }
    public static Bajie getInstance(){
        return instance;
    }
}
```

程序运行结果如图 2.4 所示。

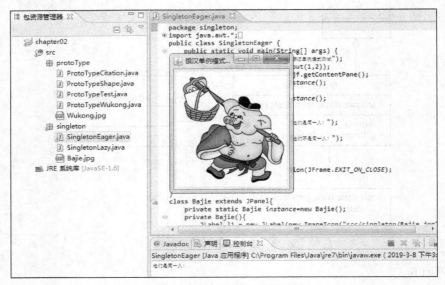

图 2.4　猪八戒生成器的运行结果

2.2.4　模式的应用场景

前面分析了单例模式的结构与特点，以下是它通常适用的场景的特点。

（1）在应用场景中，某类只要求生成一个对象的时候，如一个班中的班长、每个人的身份证号等。

（2）当对象需要被共享的场合。由于单例模式只允许创建一个对象，共享该对象可以节省内存，并加快对象访问速度。如 Web 中的配置对象、数据库的连接池等。

（3）当某类需要频繁实例化，而创建的对象又频繁被销毁的时候，如多线程的线程池、网络连接池等。

2.2.5　模式的扩展

单例模式可扩展为有限的多例（Multiton）模式，这种模式可生成有限个实例并保存在 ArrayList

中，客户需要时可随机获取，其结构图如图 2.5 所示。

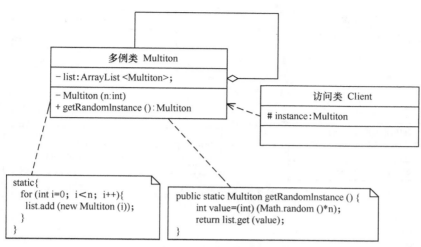

图 2.5　有限的多例模式的结构图

2.3　原型模式

在有些系统中，存在大量相同或相似对象的创建问题，如果用传统的构造函数来创建对象，会比较复杂且耗时耗资源，用原型模式生成对象就很高效，就像孙悟空拔下猴毛轻轻一吹就变出很多孙悟空一样简单。

2.3.1　模式的定义与特点

原型（Prototype）模式的定义如下：用一个已经创建的实例作为原型，通过复制该原型对象来创建一个和原型相同或相似的新对象。在这里，原型实例指定了要创建的对象的种类。用这种方式创建对象非常高效，根本无须知道对象创建的细节。例如，Windows 操作系统的安装通常较耗时，如果复制就快了很多。在生活中复制的例子非常多，这里不一一列举了。

2.3.2　模式的结构与实现

由于 Java 提供了对象的 clone()方法，所以用 Java 实现原型模式很简单。

1. 模式的结构

原型模式包含以下主要角色。

（1）抽象原型类：规定了具体原型对象必须实现的接口。

（2）具体原型类：实现抽象原型类的 clone()方法，它是可被复制的对象。

（3）访问类：使用具体原型类中的 clone()方法来复制新的对象。

其结构图如图 2.6 所示。

2. 模式的实现

原型模式的克隆分为浅克隆和深克隆，Java 中的 Object 类提供了浅克隆的 clone()方法，具体原型类只要实现 Cloneable 接口就可实现对象的浅克隆，这里的 Cloneable 接口就是抽象原型类。其代

33

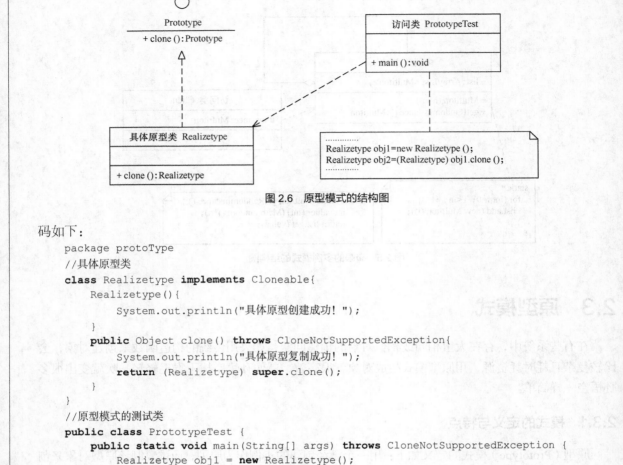

图 2.6　原型模式的结构图

码如下：

```
package protoType
//具体原型类
class Realizetype implements Cloneable{
    Realizetype(){
        System.out.println("具体原型创建成功！");
    }
    public Object clone() throws CloneNotSupportedException{
        System.out.println("具体原型复制成功！");
        return (Realizetype) super.clone();
    }
}
//原型模式的测试类
public class PrototypeTest {
    public static void main(String[] args) throws CloneNotSupportedException {
        Realizetype obj1 = new Realizetype();
        Realizetype obj2 = (Realizetype) obj1.clone();
        System.out.println("obj1==obj2 ?"+(obj1==obj2));
    }
}
```

程序的运行结果如下：

具体原型创建成功！

具体原型复制成功！

obj1==obj2 ?false

2.3.3　模式的应用实例

【例 2.3】　用原型模式模拟"孙悟空"复制自己。

分析：孙悟空拔下猴毛轻轻一吹就变出很多孙悟空，这实际上是用到了原型模式。这里的孙悟空类 SunWukong 是具体原型类，而 Java 中的 Cloneable 接口是抽象原型类。同前面介绍的猪八戒实例一样，由于要显示孙悟空的图像，所以将孙悟空类定义成面板 JPanel 的子类，里面包含了标签，用于保存孙悟空的图像。另外，重写了 Cloneable 接口的 clone()方法，用于复制新的孙悟空。访问类可以通过调用孙悟空的 clone()方法复制多个孙悟空，并在框架窗体 JFrame 中显示。图 2.7 所示是其结构图。

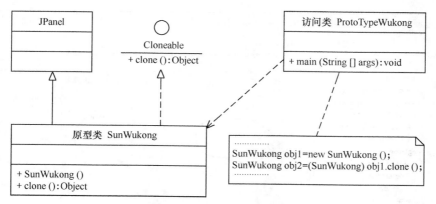

图 2.7 孙悟空生成器的结构图

程序代码如下：

```java
package protoType
import java.awt.*;
import javax.swing.*;
class SunWukong extends JPanel implements Cloneable
{
    private static final long serialVersionUID = 5543049531872119328L;
    public SunWukong()
    {
        JLabel l1 = new JLabel(new ImageIcon("src/protoType/Wukong.jpg"));
        this.add(l1);
    }
    public Object clone()
    {
        SunWukong w=null;
        try{ w=(SunWukong)super.clone(); }
        catch(CloneNotSupportedException e) { System.out.println("复制悟空失败!"); }
        return w;
    }
}
public class ProtoTypeWukong
{
    public static void main(String[] args)
    {
        JFrame jf = new JFrame("原型模式测试");
        jf.setLayout(new GridLayout(1,2));
        Container contentPane = jf.getContentPane();
        SunWukong obj1=new SunWukong();
        contentPane.add(obj1);
        SunWukong obj2=(SunWukong)obj1.clone();
        contentPane.add(obj2);
        jf.pack();
        jf.setVisible(true);
        jf.setDefaultCloseOperation(JFrame.EXIT_ON_CLOSE);
    }
}
```

程序的运行结果如图 2.8 所示。

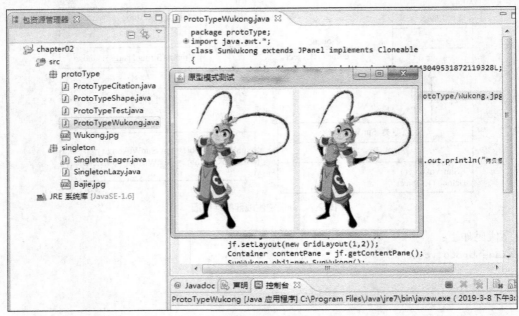

图 2.8　孙悟空克隆器的运行结果

用原型模式除了可以生成相同的对象，还可以生成相似的对象，请看以下实例。

【例 2.4】　用原型模式生成"三好学生"奖状。

分析：同一学校的"三好学生"奖状除了获奖人姓名不同，其他都相同，属于相似对象的复制，同样可以用原型模式创建，然后再做简单修改就可以了。图 2.9 所示是三好学生奖状生成器的结构图。

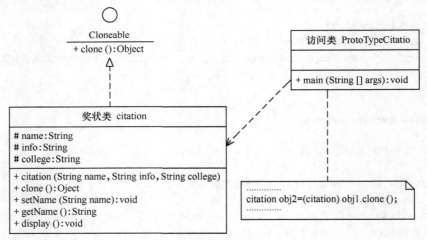

图 2.9　奖状生成器的结构图

程序代码如下：

```
package protoType
public class ProtoTypeCitation {
    public static void main(String[] args) throws CloneNotSupportedException {
        citation obj1 = new citation("张三","同学：在 2016 学年第一学期中表现优秀，被评为三好
学生。","韶关学院");
        obj1.display();
        citation obj2 = (citation) obj1.clone();
```

```
            obj2.setName("李四");
            obj2.display();
        }
    }
    //奖状类
    class citation implements Cloneable{
        String name;
        String info;
        String college;
        citation(String name,String info,String college){
            this.name=name;
            this.info=info;
            this.college=college;
            System.out.println("奖状创建成功！");
        }
        void setName(String name)
        {
            this.name=name;
        }
        String getName()
        {
            return(this.name);
        }
        void display()
        {
            System.out.println(name+info+college);
        }
        public Object clone() throws CloneNotSupportedException{
            System.out.println("奖状复制成功！");
            return (citation) super.clone();
        }
    }
```

程序运行结果如下：

奖状创建成功！

张三同学：在 2016 学年第一学期中表现优秀，被评为三好学生。韶关学院

奖状复制成功！

李四同学：在 2016 学年第一学期中表现优秀，被评为三好学生。韶关学院

2.3.4　模式的应用场景

原型模式通常适用于以下场景。

（1）对象之间相同或相似，即只是个别的几个属性不同的时候。

（2）对象的创建过程比较麻烦，但复制比较简单的时候。

2.3.5　模式的扩展

原型模式可扩展为带原型管理器的原型模式，它在原型模式的基础上增加了一个原型管理器 PrototypeManager 类。该类用 HashMap 保存多个复制的原型，Client 类可以通过管理器的 get（String id）方法从中获取复制的原型。其结构图如图 2.10 所示。

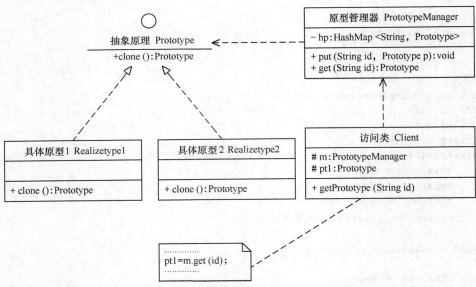

图 2.10　带原型管理器的原型模式的结构图

【例 2.5】　用带原型管理器的原型模式来生成包含"圆"和"正方形"等图形的原型，并计算其面积。

分析：本实例中由于存在不同的图形类，例如，"圆"和"正方形"，它们计算面积的方法不一样，所以需要用一个原型管理器来管理它们，图 2.11 所示是其结构图。

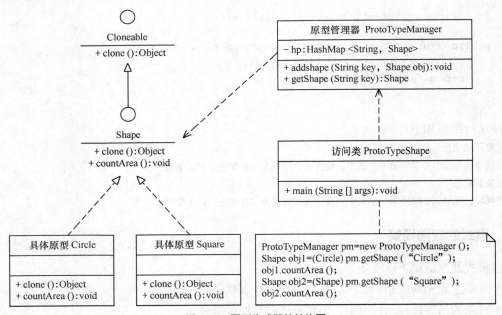

图 2.11　图形生成器的结构图

程序代码如下：

```java
package protoType
import java.util.*;
interface Shape extends Cloneable
{
    public Object clone();    //复制
```

```java
    public void countArea(); //计算面积
}
class Circle implements Shape
{
    public Object clone()
    {
        Circle w=null;
        try{ w=(Circle)super.clone(); }
        catch(CloneNotSupportedException e) {
                System.out.println("复制圆失败!");
        }
        return w;
    }
    public void countArea()
    {
        int r=0;
        System.out.print("这是一个圆，请输入圆的半径：");
        Scanner input=new Scanner(System.in);
        r=input.nextInt();
        System.out.println("该圆的面积="+3.1415*r*r+"\n");
    }
}
class Square implements Shape
{
    public Object clone()
    {
        Square b=null;
        try{   b=(Square)super.clone();     }
        catch(CloneNotSupportedException e) {
                   System.out.println("复制正方形失败!");
             }
        return b;
    }
    public void countArea()
    {
        int a=0;
        System.out.print("这是一个正方形，请输入它的边长：");
        Scanner input=new Scanner(System.in);
        a=input.nextInt();
        System.out.println("该正方形的面积="+a*a+"\n");
    }
}
class ProtoTypeManager
{
    private HashMap<String, Shape> ht=new HashMap<String, Shape>();
    public ProtoTypeManager()
    {
        ht.put("Circle",new Circle());
        ht.put("Square",new Square());
    }
    public void addshape(String key,Shape obj)
    {
        ht.put(key,obj);
    }
```

```java
    public Shape getShape(String key)
    {
        Shape temp=ht.get(key);
        return (Shape) temp.clone();
    }
}
public class ProtoTypeShape
{
    public static void main(String[] args)
    {
        ProtoTypeManager pm=new ProtoTypeManager();
        Shape obj1=(Circle)pm.getShape("Circle");
        obj1.countArea();
        Shape obj2=(Shape)pm.getShape("Square");
        obj2.countArea();
    }
}
```

程序的运行结果如下：

这是一个圆，请输入圆的半径：3
该圆的面积=28.2735

这是一个正方形，请输入它的边长：3
该正方形的面积=9

2.4　本章小结

本章主要介绍了创建型模式的特点和分类，以及单例模式与原型模式的定义与特点、结构与实现、应用场景和模式的扩展，并通过多个应用实例来说明模式的使用方法。

2.5　习题

一、单选题

1. 以下关于创建型模式说法正确的是（　　　）。
    A．创建型模式关注的是对象的创建
    B．创建型模式关注的是功能的实现
    C．创建型模式关注的是组织类和对象的常用方法
    D．创建型模式关注的是对象间的协作

2. 当创建一个具体的对象而又不希望指定具体的类时，可以使用（　　　）模式。
    A．结构型
    B．创建型
    C．行为型
    D．以上都可以

3. 以下不属于创建型模式是（　　　）。
    A．代理（Proxy）
    B．生成器（Builder）
    C．原型（Prototype）
    D．单例（Singleton）

4. （　　　）用来描述原型（Prototype）。

   A. 允许一个对象在其内部状态改变时改变它的行为。对象看起来似乎修改了它的类

   B. 表示一个作用于某对象结构中的各元素的操作。它使你可以在不改变各元素的类的前提下定义作用于这些元素的新操作

   C. 定义对象间的一种一对多的依赖关系,当一个对象的状态发生改变时，所有依赖于它的对象都得到通知并被自动更新

   D. 用原型实例指定创建对象的种类，并且通过复制这些原型创建新的对象

5. 关于模式适用性，在（　　　）适合使用单例（Singleton）模式。

   A. 当一个类不知道它所必须创建的对象的类的时候

   B. 当一个类的实例只能有几个不同状态组合中的一种时

   C. 当这个唯一实例应该是通过子类化可扩展的，并且客户应该无须更改代码就能使用一个扩展的实例时

   D. 当一个类希望由它的子类来指定它所创建的对象的时候

6. 以下（　　　）用来描述单例（Singleton）。

   A. 将一个类的接口转换成客户希望的另外一个接口。该模式使得原本由于接口不兼容而不能一起工作的那些类可以一起工作

   B. 保证一个类仅有一个实例，并提供一个访问它的全局访问点

   C. 定义一系列的算法,把它们一个个封装起来,并且使它们可相互替换。本模式使得算法可独立于使用它的客户而变化

   D. 用一个中介对象来封装一系列的对象交互

7. 关于模式适用性，在（　　　）不适合使用原型（Prototype）模式。

   A. 当要实例化的类是在运行时刻指定时，例如，通过动态装载

   B. 当要强调一系列相关的产品对象的设计以便进行联合使用时

   C. 为了避免创建一个与产品类层次平行的工厂类层次时

   D. 当一个类的实例只能有几个不同状态组合中的一种时

二、多选题

1. 以下（　　　）是利用一个对象，快速地生成一批对象。

   A. 抽象工厂（Abstract Factory）模式　　　　B. 合成（Composite）模式

   C. 原型（Prototype）模式　　　　　　　　　D. 桥接（Bridge）模式

2. 单例模式中，两个基本要点（　　　）和单子类自己提供单例。

   A. 构造函数私有　　　　　　　　　　　　　B. 唯一实例

   C. 静态工厂方法　　　　　　　　　　　　　D. 以上都不对

3. 单例（Singleton）模式适用于（　　　）。

   A. 当类只能有一个实例而且客户可以从一个众所周知的访问点访问它时

   B. 当这个唯一实例应该自行创建并向系统提供时

   C. 当构造过程必须允许被构造的对象有不同的表示时

   D. 生成一批对象

4. 使用原型（Prototype）模式时要考虑的问题有（　　　）。

    A. 使用一个原型管理器   B. 实现克隆操作

    C. 初始化克隆对象   D. 用类动态配置应用

5. 以下属于创建型模式的是（   ）。

    A. 抽象工厂（Abstract Factory）模式   B. 合成（Composite）模式

    C. 单例（Singleton）模式   D. 桥接（Bridge）模式

6. 下面属于原型（Prototype）模式的优点的是（   ）。

    A. 运行时刻增加和删除产品   B. 改变值以指定新对象

    C. 减少子类的构造   D. 用类动态配置应用

7. 以下属于单例（Singleton）模式的优点的是（   ）。

    A. 对唯一实例的受控访问   B. 允许对操作和表示的精化

    C. 允许可变数目的实例   D. 比类操作更灵活

三、填空题

1. 创建型模式的根本意图是要把_____和_____的责任进行分离，从而降低系统的_____。

2. 当需要在项目中定制自己的元素时，可使用_____模式来定制。

3. 当创建一个具体的对象而又不希望指定具体的类时，可以使用_____模式。

4. 单例模式分为_____和_____两种。

5. 原型（Prototype）模式包含：_____、_____和访问者类等 3 个部分。

四、程序分析题

分析以下程序代码：

```java
public class Client2010 {
    public static void main(String[] args) {
        Visitor v1,v2;
        v1=Visitor.getVisit();
        v2=Visitor.getVisit();
        int n=v2.getNumber();
        System.out.println("总的访问人数是: " + n);
    }
}
public class Visitor {
    private static Visitor Visit=new Visitor();
    private static int num=0;
    private Visitor(){     }
    public static Visitor getVisit()
    {
        num++;
        System.out.println("欢迎用户光临本站! ");
        return Visit;
    }
    public int getNumber()
    {     return Visitor.num;   }
}
```

要求：（1）说明选择的设计模式。

      （2）画出其类图。

五、简答题

1. 创建型模式分哪几种？简述每种创建型模式的定义。

2. 简述单例设计模式的主要作用，并说明 Java 线程安全中定义了什么单例。

3. 简述单例设计模式的定义、特点与应用场景。

4. 原型模式的应用场景是什么？它有哪些扩展空间？

3 第3章 创建型模式（下）

📖 **本章教学目标：**
- 掌握工厂方法模式、抽象工厂模式、建造者模式的定义与特点、结构与实现；
- 学会使用工厂方法模式、抽象工厂模式、建造者模式开发应用程序；
- 了解工厂方法模式、抽象工厂模式、建造者模式的应用场景与扩展方向。

📖 **本章重点内容：**
- 3 种创建型模式的特点和结构；
- 3 种创建型模式的实现方法与应用场景；
- 使用这 3 种创建型模式的编程方法。

3.1 工厂方法模式

在现实生活中社会分工越来越细，越来越专业化。各种产品有专门的工厂生产，彻底告别了自给自足的小农经济时代，这大大缩短了产品的生产周期，提高了生产效率。同样，在软件开发中能否做到软件对象的生产和使用相分离呢？能否在满足"开闭原则"的前提下，客户随意增删或改变对软件相关对象的使用呢？这就是本节要讨论的问题。

3.1.1 模式的定义与特点

工厂方法（Factory Method）模式的定义：定义一个创建产品对象的工厂接口，将产品对象的实际创建工作推迟到具体子工厂类当中。这满足创建型模式中所要求的"创建与使用相分离"的特点。我们把被创建的对象称为"产品"，把创建产品的对象称为"工厂"。如果要创建的产品不多，只要一个工厂类就可以完成，这种模式叫"简单工厂模式"，它不属于 GoF 的 23 种经典设计模式，它的缺点是增加新产品时会违背"开闭原则"。本节介绍的"工厂方法模式"是对简单工厂模式的进一步抽象化，其好处是可以使系统在不修改原来代码的情况下引进新的产品，即满足开闭原则。

工厂方法模式的主要优点有：①用户只需要知道具体工厂的名称就可得到所要的产品，无须知道产品的具体创建过程；②在系统增加新的产品时只需要添加具体产品类和对应的具体工厂类，无须对原工厂进行任何修改，满足开闭原则。

其缺点是：每增加一个产品就要增加一个具体产品类和一个对应的具体工厂类，这增加了系统的复杂度。

3.1.2 模式的结构与实现

工厂方法模式由抽象工厂、具体工厂、抽象产品和具体产品等 4 个要素构成。本节来分析其基本结构和实现方法。

1. 模式的结构

工厂方法模式的主要角色如下。

（1）抽象工厂（Abstract Factory）：提供了创建产品的接口，调用者通过它访问具体工厂的工厂方法 newProduct()来创建产品。

（2）具体工厂（Concrete Factory）：主要是实现抽象工厂中的抽象方法，完成具体产品的创建。

（3）抽象产品（Product）：定义了产品的规范，描述了产品的主要特性和功能。

（4）具体产品（Concrete Product）：实现了抽象产品角色所定义的接口，由具体工厂来创建，它同具体工厂之间一一对应。

其结构图如图 3.1 所示。

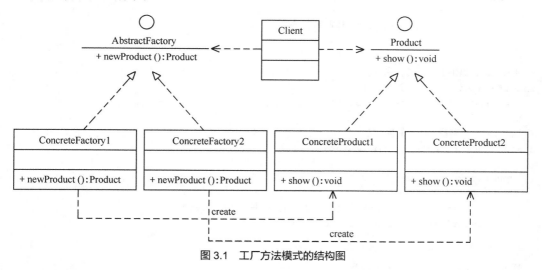

图 3.1 工厂方法模式的结构图

2. 模式的实现

根据图 3.1 写出该模式的代码如下：

```java
package FactoryMethod;
public class AbstractFactoryTest {
    public static void main(String[] args) {
        try
        {
            Product a;
            AbstractFactory af;
            af=(AbstractFactory) ReadXML1.getObject();
            a=af.newProduct();
            a.show();
        }
```

```
            catch(Exception e)
            {
                System.out.println(e.getMessage());
            }
        }
}
//抽象产品：提供了产品的接口
interface Product {
    public void show();
}
//具体产品 1：实现抽象产品中的抽象方法
class ConcreteProduct1 implements Product
{
    public void show()
    {
        System.out.println("具体产品 1 显示...");
    }
}
//具体产品 2：实现抽象产品中的抽象方法
class ConcreteProduct2 implements Product
{
    public void show()
    {
        System.out.println("具体产品 2 显示...");
    }
}
//抽象工厂：提供了产品的生成方法
interface AbstractFactory {
    public Product newProduct();
}
//具体工厂 1：实现了产品的生成方法
class ConcreteFactory1 implements AbstractFactory
{
    public Product newProduct()
    {
        System.out.println("具体工厂 1 生成-->具体产品 1...");
        return new ConcreteProduct1();
    }
}
//具体工厂 2：实现了产品的生成方法
class ConcreteFactory2 implements AbstractFactory
{
    public Product newProduct()
    {
        System.out.println("具体工厂 2 生成-->具体产品 2...");
        return new ConcreteProduct2();
    }
}
//XML 配置文件：供用户设置具体工厂名，以便生成相关产品
<?xml version="1.0" encoding="UTF-8"?>
<config>
    <className>ConcreteFactory1</className>
</config>
//对象生成器：从 XML 配置文件中提取具体工厂类的类名，并返回一个具体对象
```

```
package FactoryMethod;
import javax.xml.parsers.*;
import org.w3c.dom.*;
import java.io.*;
class ReadXML1
{
    //该方法用于从 XML 配置文件中提取具体类类名，并返回一个实例对象
    public static Object getObject()
    {
        try
        {
            //创建文档对象
            DocumentBuilderFactory dFactory = DocumentBuilderFactory.newInstance();
            DocumentBuilder builder = dFactory.newDocumentBuilder();
            Document doc;
            doc = builder.parse(new File("src/FactoryMethod/config1.xml"));
            //获取包含类名的文本节点
            NodeList nl = doc.getElementsByTagName("className");
            Node classNode=nl.item(0).getFirstChild();
            String cName="FactoryMethod."+classNode.getNodeValue();
            //System.out.println("新类名: "+cName);
            //通过类名生成实例对象并将其返回
            Class<?> c=Class.forName(cName);
            Object obj=c.newInstance();
            return obj;
        }
        catch(Exception e)
        {
            e.printStackTrace();
            return null;
        }
    }
}
```

程序运行结果如下：

具体工厂 1 生成-->具体产品 1...

具体产品 1 显示...

如果将 XML 配置文件中的 ConcreteFactory1 改为 ConcreteFactory2，则程序运行结果如下：

具体工厂 2 生成-->具体产品 2...

具体产品 2 显示...

3.1.3　模式的应用实例

【例 3.1】　用工厂方法模式设计畜牧场。

分析：有很多种类的畜牧场，如养马场用于养马，养牛场用于养牛，所以该实例用工厂方法模式比较适合。对养马场和养牛场等具体工厂类，只要定义一个生成动物的方法 newAnimal()即可。由于要显示马类和牛类等具体产品类的图像，所以它们的构造函数中用到了 JPanel、JLabel 和 ImageIcon 等组件，并定义一个 show()方法来显示它们。客户端程序通过对象生成器类 ReadXML2 读取 XML 配置文件中的数据来决定养马还是养牛。其结构图如图 3.2 所示。

47

软件设计模式（Java版）

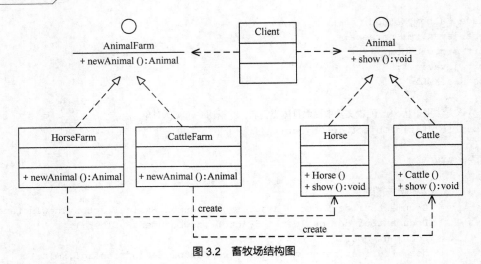

图3.2　畜牧场结构图

程序代码如下：

```java
package FactoryMethod;
import java.awt.*;
import javax.swing.*;
public class AnimalFarmTest {
    public static void main(String[] args) {
        try
        {
            Animal a;
            AnimalFarm af;
            af=(AnimalFarm) ReadXML2.getObject();
            a=af.newAnimal();
            a.show();
        }
        catch(Exception e)
        {
            System.out.println(e.getMessage());
        }
    }
}
//抽象产品：动物类
interface Animal {
    public void show();
}
//具体产品：马类
class Horse implements Animal
{
    JScrollPane sp;
    JFrame jf = new JFrame("工厂方法模式测试");
    public Horse() {
        Container contentPane = jf.getContentPane();
        JPanel p1 = new JPanel();
        p1.setLayout(new GridLayout(1,1));
        p1.setBorder(BorderFactory.createTitledBorder("动物：马"));
        sp = new JScrollPane(p1);
        contentPane.add(sp, BorderLayout.CENTER);
        JLabel l1 = new JLabel(new ImageIcon("src/A_Horse.jpg"));
        p1.add(l1);
```

48

```
            jf.pack();
            jf.setVisible(false);
            jf.setDefaultCloseOperation(JFrame.EXIT_ON_CLOSE);//用户单击窗口关闭
        }
        public void show()
        {
            jf.setVisible(true);
        }
    }
//具体产品：牛类
class Cattle implements Animal
{
    JScrollPane sp;
    JFrame jf = new JFrame("工厂方法模式测试");
    public Cattle() {
        Container contentPane = jf.getContentPane();
        JPanel p1 = new JPanel();
        p1.setLayout(new GridLayout(1,1));
        p1.setBorder(BorderFactory.createTitledBorder("动物：牛"));
        sp = new JScrollPane(p1);
        contentPane.add(sp, BorderLayout.CENTER);
        JLabel l1 = new JLabel(new ImageIcon("src/A_Cattle.jpg"));
        p1.add(l1);
        jf.pack();
        jf.setVisible(false);
        jf.setDefaultCloseOperation(JFrame.EXIT_ON_CLOSE);//用户单击窗口关闭
    }
    public void show()
    {
        jf.setVisible(true);
    }
}
//抽象工厂：畜牧场
interface AnimalFarm {
    public Animal newAnimal();
}
//具体工厂：养马场
class HorseFarm implements AnimalFarm
{
    public Animal newAnimal()
    {
        System.out.println("新马出生！");
        return new Horse();
    }
}
//具体工厂：养牛场
class CattleFarm implements AnimalFarm
{
    public Animal newAnimal()
    {
        System.out.println("新牛出生！");
        return new Cattle();
    }
}
//配置文件
```

```
<?xml version="1.0" encoding="UTF-8"?>
<config>
    <className>HorseFarm</className>
</config>
//对象生成器
package FactoryMethod;
import javax.xml.parsers.*;
import org.w3c.dom.*;
import java.io.*;
class ReadXML2
{
    public static Object getObject()
    {
        try
        {
            DocumentBuilderFactory dFactory = DocumentBuilderFactory.newInstance();
            DocumentBuilder builder = dFactory.newDocumentBuilder();
            Document doc;
            doc = builder.parse(new File("src/FactoryMethod/config2.xml"));
            NodeList nl = doc.getElementsByTagName("className");
            Node classNode=nl.item(0).getFirstChild();
            String cName="FactoryMethod."+classNode.getNodeValue();
            System.out.println("新类名: "+cName);
            Class<?> c=Class.forName(cName);
            Object obj=c.newInstance();
            return obj;
        }
        catch(Exception e)
        {
            e.printStackTrace();
            return null;
        }
    }
}
```

程序的运行结果如图 3.3 所示。

图 3.3　畜牧场养殖的运行结果

3.1.4　模式的应用场景

工厂方法模式通常适用于以下场景。

（1）客户只知道创建产品的工厂名，而不知道具体的产品名。如 TCL 电视工厂、海信电视工厂等。

（2）创建对象的任务由多个具体子工厂中的某一个完成，而抽象工厂只提供创建产品的接口。

（3）客户不关心创建产品的细节，只关心产品的品牌。

3.1.5　模式的扩展

当需要生成的产品不多且不会增加，一个具体工厂类就可以完成任务时，可删除抽象工厂类。这时工厂方法模式将退化到简单工厂模式，其结构图如图 3.4 所示。

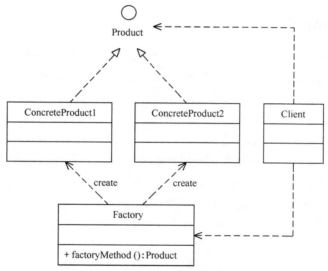

图 3.4　简单工厂模式的结构图

3.2　抽象工厂模式

前面介绍的工厂方法模式中考虑的是一类产品的生产，如畜牧场只养动物、电视机厂只生产电视机、计算机软件学院只培养计算机软件专业的学生等。同种类称为同等级，也就是说：工厂方法模式只考虑生产同等级的产品，但是在现实生活中许多工厂是综合型的工厂，能生产多等级（种类）的产品，如农场里既养动物又种植物，电器厂既生产电视机又生产洗衣机或空调，大学既有软件专业又有生物专业等。

本节要介绍的抽象工厂模式将考虑多等级产品的生产，将同一个具体工厂所生产的位于不同等级的一组产品称为一个产品族，图 3.5 所示的是海尔工厂和 TCL 工厂所生产的电视机与空调对应的关系图。

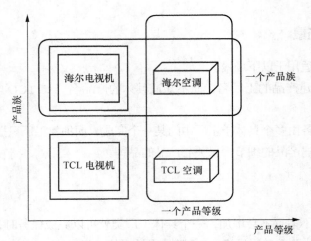

图 3.5　电器工厂的产品等级与产品族

3.2.1　模式的定义与特点

抽象工厂（Abstract Factory）模式的定义：是一种为访问类提供一个创建一组相关或相互依赖对象的接口，且访问类无须指定所要产品的具体类就能得到同族的不同等级的产品的模式结构。抽象工厂模式是工厂方法模式的升级版本，工厂方法模式只生产一个等级的产品，而抽象工厂模式可生产多个等级的产品。

使用抽象工厂模式一般要满足以下条件。

① 系统中有多个产品族，每个具体工厂创建同一族但属于不同等级结构的产品。

② 系统一次只可能消费其中某一族产品，即同族的产品一起使用。

抽象工厂模式除了具有工厂方法模式的优点外，其他主要优点如下。

① 可以在类的内部对产品族中相关联的多等级产品共同管理，而不必专门引入多个新的类来进行管理。

② 当增加一个新的产品族时不需要修改原代码，满足开闭原则。

其缺点是：当产品族中需要增加一个新的产品时，所有的工厂类都需要进行修改。

3.2.2　模式的结构与实现

抽象工厂模式同工厂方法模式一样，也是由抽象工厂、具体工厂、抽象产品和具体产品等 4 个要素构成，但抽象工厂中方法个数不同，抽象产品的个数也不同。现在我们来分析其基本结构和实现方法。

1. 模式的结构

抽象工厂模式的主要角色如下。

（1）抽象工厂（Abstract Factory）：提供了创建产品的接口，它包含多个创建产品的方法 newProduct()，可以创建多个不同等级的产品。

（2）具体工厂（Concrete Factory）：主要是实现抽象工厂中的多个抽象方法，完成具体产品的创建。

（3）抽象产品（Product）：定义了产品的规范，描述了产品的主要特性和功能，抽象工厂模式有多个抽象产品。

（4）具体产品（Concrete Product）：实现了抽象产品角色所定义的接口，由具体工厂来创建，它同具体工厂之间是多对一的关系。

抽象工厂模式的结构图如图 3.6 所示。

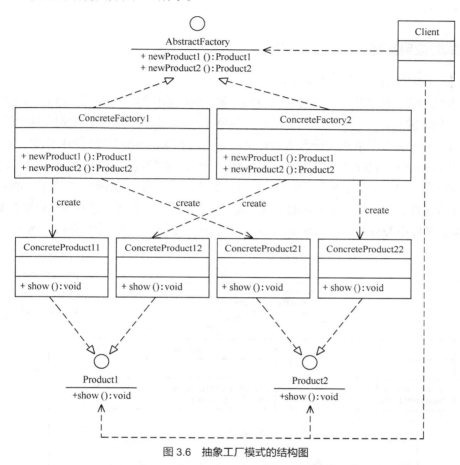

图 3.6　抽象工厂模式的结构图

2.　模式的实现

从图 3.6 可以看出抽象工厂模式的结构同工厂方法模式的结构相似，不同的是其产品的种类不止一个，所以创建产品的方法也不止一个。下面给出抽象工厂和具体工厂的代码。

（1）抽象工厂：提供了产品的生成方法。

```
interface AbstractFactory {
    public Product1 newProduct1();
    public Product2 newProduct2();
}
```

（2）具体工厂：实现了产品的生成方法。

```
class ConcreteFactory1 implements AbstractFactory
{
    public Product1 newProduct1()
    {
        System.out.println("具体工厂 1 生成-->具体产品 11...");
        return new ConcreteProduct11();
```

```
        }
    public Product2 newProduct2()
    {
        System.out.println("具体工厂 1 生成-->具体产品 21...");
        return new ConcreteProduct21();
    }
}
```

3.2.3 模式的应用实例

【例 3.2】 用抽象工厂模式设计农场类。

分析：农场中除了像畜牧场一样可以养动物，还可以培养植物，如养马、养牛、种菜、种水果等，所以本实例比前面介绍的畜牧场类复杂，必须用抽象工厂模式来实现。本例用抽象工厂模式来设计两个农场，一个是韶关农场用于养牛和种菜，一个是上饶农场用于养马和种水果，可以在以上两个农场中定义一个生成动物的方法 newAnimal()和一个培养植物的方法 newPlant()。对马类、牛类、蔬菜类和水果类等具体产品类，由于要显示它们的图像，所以它们的构造函数中用到了 JPanel、JLabel和 ImageIcon 等组件，并定义一个 show()方法来显示它们。客户端程序通过对象生成器类 ReadXML读取 XML 配置文件中的数据来决定养什么动物和培养什么植物。其结构图如图 3.7 所示。

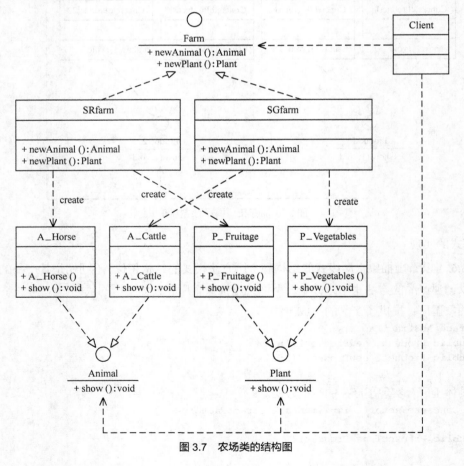

图 3.7　农场类的结构图

程序代码如下：

```java
package AbstractFactory;
import java.awt.*;
import javax.swing.*;
public class FarmTest {
    public static void main(String[] args) {
        try
        {
            Farm f;
            Animal a;
            Plant p;
            f=(Farm) ReadXML.getObject();
            a=f.newAnimal();
            p=f.newPlant();
            a.show();
            p.show();
        }
        catch(Exception e)
        {
            System.out.println(e.getMessage());
        }
    }
}
//抽象产品：动物类
interface Animal {
    public void show();
}
//具体产品：马类
class Horse implements Animal
{
    JScrollPane sp;
    JFrame jf = new JFrame("抽象工厂模式测试");
    public Horse() {
        Container contentPane = jf.getContentPane();
        JPanel p1 = new JPanel();
        p1.setLayout(new GridLayout(1,1));
        p1.setBorder(BorderFactory.createTitledBorder("动物: 马"));
        sp = new JScrollPane(p1);
        contentPane.add(sp, BorderLayout.CENTER);
        JLabel l1 = new JLabel(new ImageIcon("src/A_Horse.jpg"));
        p1.add(l1);
        jf.pack();
        jf.setVisible(false);
        jf.setDefaultCloseOperation(JFrame.EXIT_ON_CLOSE);//用户单击窗口关闭
    }
    public void show()
    {
        jf.setVisible(true);
    }
}
//具体产品：牛类
class Cattle implements Animal
{
    JScrollPane sp;
    JFrame jf = new JFrame("抽象工厂模式测试");
    public Cattle() {
```

```
            Container contentPane = jf.getContentPane();
            JPanel p1 = new JPanel();
            p1.setLayout(new GridLayout(1,1));
            p1.setBorder(BorderFactory.createTitledBorder("动物：牛"));
            sp = new JScrollPane(p1);
            contentPane.add(sp, BorderLayout.CENTER);
            JLabel l1 = new JLabel(new ImageIcon("src/A_Cattle.jpg"));
            p1.add(l1);
            jf.pack();
            jf.setVisible(false);
            jf.setDefaultCloseOperation(JFrame.EXIT_ON_CLOSE);//用户单击窗口关闭
        }
        public void show()
        {
            jf.setVisible(true);
        }
    }
    //抽象产品：植物类
    interface Plant {
        public void show();
    }
    //具体产品：水果类
    class Fruitage implements Plant
    {
        JScrollPane sp;
        JFrame jf = new JFrame("抽象工厂模式测试");
        public Fruitage() {
            Container contentPane = jf.getContentPane();
            JPanel p1 = new JPanel();
            p1.setLayout(new GridLayout(1,1));
            p1.setBorder(BorderFactory.createTitledBorder("植物：水果"));
            sp = new JScrollPane(p1);
            contentPane.add(sp, BorderLayout.CENTER);
            JLabel l1 = new JLabel(new ImageIcon("src/P_Fruitage.jpg"));
            p1.add(l1);
            jf.pack();
            jf.setVisible(false);
            jf.setDefaultCloseOperation(JFrame.EXIT_ON_CLOSE);//用户单击窗口关闭
        }
        public void show()
        {
            jf.setVisible(true);
        }
    }
    //具体产品：蔬菜类
    class Vegetables implements Plant
    {
        JScrollPane sp;
        JFrame jf = new JFrame("抽象工厂模式测试");
        public Vegetables() {
            Container contentPane = jf.getContentPane();
            JPanel p1 = new JPanel();
            p1.setLayout(new GridLayout(1,1));
            p1.setBorder(BorderFactory.createTitledBorder("植物：蔬菜"));
```

```java
        sp = new JScrollPane(p1);
        contentPane.add(sp, BorderLayout.CENTER);
        JLabel l1 = new JLabel(new ImageIcon("src/P_Vegetables.jpg"));
        p1.add(l1);
        jf.pack();
        jf.setVisible(false);
        jf.setDefaultCloseOperation(JFrame.EXIT_ON_CLOSE);//用户单击窗口关闭
    }
    public void show()
    {
        jf.setVisible(true);
    }
}
//抽象工厂：农场类
interface Farm {
    public Animal newAnimal();
    public Plant newPlant();
}
//具体工厂：韶关农场类
class SGfarm implements Farm
{
    public Animal newAnimal()
    {
        System.out.println("新牛出生！");
        return new Cattle();
    }
    public Plant newPlant()
    {
        System.out.println("蔬菜长成！");
        return new Vegetables();
    }
}
//具体工厂：上饶农场类
class SRfarm implements Farm
{
    public Animal newAnimal()
    {
        System.out.println("新马出生！");
        return new Horse();
    }
    public Plant newPlant()
    {
        System.out.println("水果长成！");
        return new Fruitage();
    }
}
//配置文件
<?xml version="1.0" encoding="UTF-8"?>
<config>
    <className>SGfarm</className>
</config>
//对象生成器
package AbstractFactory;
import javax.xml.parsers.*;
```

```
import org.w3c.dom.*;
import java.io.*;
class ReadXML
{
    public static Object getObject()
    {
        try
        {
            DocumentBuilderFactory dFactory = DocumentBuilderFactory.newInstance();
            DocumentBuilder builder = dFactory.newDocumentBuilder();
            Document doc;
            doc = builder.parse(new File("src/AbstractFactory/config.xml"));
            NodeList nl = doc.getElementsByTagName("className");
            Node classNode=nl.item(0).getFirstChild();
            String cName="AbstractFactory."+classNode.getNodeValue();
            System.out.println("新类名: "+cName);
            Class<?> c=Class.forName(cName);
            Object obj=c.newInstance();
            return obj;
        }
        catch(Exception e)
        {
            e.printStackTrace();
            return null;
        }
    }
}
```

程序运行结果如图 3.8 所示。

图 3.8　农场养殖的运行结果

3.2.4　模式的应用场景

抽象工厂模式最早的应用是用于创建属于不同操作系统的视窗构件。如 Java 的 AWT 中的 Button

和 Text 等构件在 Windows 和 UNIX 中的本地实现是不同的。抽象工厂模式通常适用于以下场景。

（1）当需要创建的对象是一系列相互关联或相互依赖的产品族时，如电器工厂中的电视机、洗衣机、空调等。

（2）系统中有多个产品族，但每次只使用其中的某一族产品。如有人只喜欢穿某一个品牌的衣服和鞋。

（3）系统中提供了产品的类库，且所有产品的接口相同，客户端不依赖产品实例的创建细节和内部结构。

3.2.5　模式的扩展

抽象工厂模式的扩展有一定的"开闭原则"倾斜性：①当增加一个新的产品族时只需增加一个新的具体工厂，不需要修改原代码，满足开闭原则；②当产品族中需要增加一个新种类的产品时，则所有的工厂类都需要进行修改，不满足开闭原则。

另一方面，当系统中只存在一个等级结构的产品时，抽象工厂模式将退化到工厂方法模式。

3.3　建造者模式

在软件开发过程中有时需要创建一个复杂的对象，这个复杂对象通常由多个子部件按一定的步骤组合而成。例如，计算机是由 CPU、主板、内存、硬盘、显卡、机箱、显示器、键盘、鼠标等部件组装而成的，采购员不可能自己去组装计算机，而是将计算机的配置要求告诉计算机销售公司，计算机销售公司安排技术人员去组装计算机，然后再交给要买计算机的采购员。生活中这样的例子很多，如游戏中的不同角色，其性别、个性、能力、脸型、体型、服装、发型等特性都有所差异；还有汽车中的方向盘、发动机、车架、轮胎等部件也多种多样；每封电子邮件的发件人、收件人、主题、内容、附件等内容也各不相同。所有这些产品都是由多个部件构成的，各个部件可以灵活选择，但其创建步骤都大同小异。这类产品的创建无法用前面介绍的工厂模式描述，只有建造者模式可以很好地描述该类产品的创建。

3.3.1　模式的定义与特点

建造者（Builder）模式的定义：指将一个复杂对象的构造与它的表示分离，使同样的构建过程可以创建不同的表示，这样的设计模式被称为建造者模式。它是将一个复杂的对象分解为多个简单的对象，然后一步一步构建而成。它将变与不变相分离，即产品的组成部分是不变的，但每一部分是可以灵活选择的。

该模式的主要优点如下。

① 各个具体的建造者相互独立，有利于系统的扩展。

② 客户端不必知道产品内部组成的细节，便于控制细节风险。

其缺点如下。

① 产品的组成部分必须相同，这限制了其使用范围。

② 如果产品的内部变化复杂，该模式会增加很多的建造者类。

建造者模式和工厂模式的关注点不同：建造者模式注重零部件的组装过程，而工厂方法模式更注重零部件的创建过程，但两者可以结合使用。

3.3.2　模式的结构与实现

建造者模式由产品、抽象建造者、具体建造者、指挥者等 4 个要素构成，现在我们来分析其基本结构和实现方法。

1. 模式的结构

建造者模式的主要角色如下。

（1）产品角色（Product）：它是包含多个组成部件的复杂对象，由具体建造者来创建其各个组成部件。

（2）抽象建造者（Builder）：它是一个包含创建产品各个子部件的抽象方法的接口，通常还包含一个返回复杂产品的方法 getResult()。

（3）具体建造者（Concrete Builder）：实现 Builder 接口，完成复杂产品的各个部件的具体创建方法。

（4）指挥者（Director）：它调用建造者对象中的部件构造与装配方法完成复杂对象的创建，在指挥者中不涉及具体产品的信息。

其结构图如图 3.9 所示。

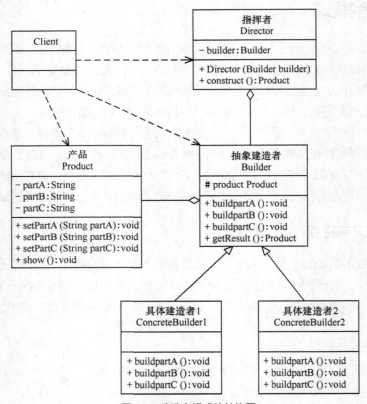

图 3.9　建造者模式的结构图

2. 模式的实现

图 3.9 给出了建造者模式的主要结构，其相关类的代码如下。

（1）产品角色：包含多个组成部件的复杂对象。

```
class Product  {
    private  String partA;
    private  String partB;
    private  String partC;
    public void setPartA(String partA) {
        this.partA = partA;
    }
    public void setPartB(String partB) {
        this.partB = partB;
    }
    public void setPartC(String partC) {
        this.partC = partC;
    }
    public void show()
    {
        //显示产品的特性
    }
}
```

（2）抽象建造者：包含创建产品各个子部件的抽象方法。

```
abstract class Builder {
    //创建产品对象
    protected  Product product=new Product();
    public  abstract void buildPartA();
    public  abstract void buildPartB();
    public  abstract void buildPartC();
    //返回产品对象
    public  Product getResult() {
        return  product;
    }
}
```

（3）具体建造者：实现了抽象建造者接口。

```
public class ConcreteBuilder extends Builder {
    public  void buildPartA(){
        product.setPartA("建造 PartA");
    }
    public  void buildPartB(){
        product.setPartA("建造 PartB");
    }
    public  void buildPartC(){
        product.setPartA("建造 PartC");
    }
}
```

（4）指挥者：调用建造者中的方法完成复杂对象的创建。

```
class Director {
    private  Builder builder;
    public  Director(Builder builder) {
        this.builder=builder;
    }
    //产品构建与组装方法
    public Product construct() {
        builder.buildPartA();
        builder.buildPartB();
        builder.buildPartC();
```

```
            return builder.getResult();
        }
}
```

（5）客户类。

```
public class Client{
        public static void main(String[] args) {
                Builder  builder = new ConcreteBuilder();
                Director director = new  Director(builder);
                Product product = director.construct();
                product.show();
        }
}
```

3.3.3 模式的应用实例

【例 3.3】 用建造者模式描述客厅装修。

分析：客厅装修是一个复杂的过程，它包含墙体的装修、电视机的选择、沙发的购买与布局等。客户把装修要求告诉项目经理，项目经理指挥装修工人一步步装修，最后完成整个客厅的装修与布局，所以本实例用建造者模式实现比较适合。这里的客厅是产品，包括墙、电视和沙发等组成部分。具体装修工人是具体建造者，他们负责装修与墙、电视和沙发的布局。项目经理是指挥者，他负责指挥装修工人进行装修。另外，客厅类中提供了 show()方法，可以将装修效果图显示出来。客户端程序通过对象生成器类 ReadXML 读取 XML 配置文件中的装修方案数据，调用项目经理进行装修。其类图如图 3.10 所示。

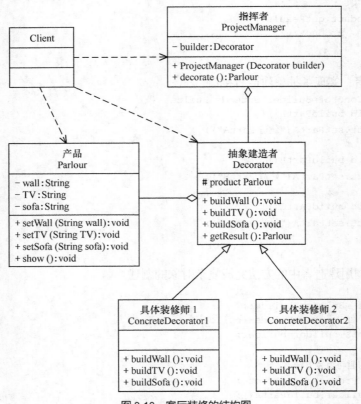

图 3.10 客厅装修的结构图

程序代码如下:

```
package Builder;
import java.awt.*;
import javax.swing.*;
public class ParlourDecorator {
    public static void main(String[] args) {
        try
        {
            Decorator d=(Decorator) ReadXML.getObject();
            ProjectManager m = new ProjectManager(d);
            Parlour p = m.decorate();
            p.show();
        }
        catch(Exception e)
        {
            System.out.println(e.getMessage());
        }
    }
}
//产品: 客厅
class Parlour {
    private String wall; //墙
    private String TV;    //电视
    private String sofa; //沙发
    public void setWall(String wall) {
        this.wall = wall;
    }
    public void setTV(String TV) {
        this.TV = TV;
    }
    public void setSofa(String sofa) {
        this.sofa = sofa;
    }
    public void show()
    {
        JFrame jf = new JFrame("建造者模式测试");
        Container contentPane = jf.getContentPane();
        JPanel p = new JPanel();
        JScrollPane sp = new JScrollPane(p);
        String parlour=wall+TV+sofa;
        JLabel l = new JLabel(new ImageIcon("src/"+parlour+".jpg"));
        p.setLayout(new GridLayout(1,1));
        p.setBorder(BorderFactory.createTitledBorder("客厅"));
        p.add(l);
        contentPane.add(sp, BorderLayout.CENTER);
        jf.pack();
        jf.setVisible(true);
        jf.setDefaultCloseOperation(JFrame.EXIT_ON_CLOSE);
    }

}
//抽象建造者: 装修工人
```

```
abstract class Decorator {
    //创建产品对象
    protected  Parlour product=new Parlour();
    public  abstract void buildWall();
    public  abstract void buildTV();
    public  abstract void buildSofa();
    //返回产品对象
    public  Parlour getResult() {
        return  product;
    }
}
//具体建造者：具体装修工人 1
class ConcreteDecorator1  extends Decorator{
    public void buildWall() {
        product.setWall("w1");
    }
    public void buildTV() {
        product.setTV("TV1");
    }
    public void buildSofa() {
        product.setSofa("sf1");
    }
}
//具体建造者：具体装修工人 2
class ConcreteDecorator2  extends Decorator{
    public void buildWall() {
        product.setWall("w2");
    }
    public void buildTV() {
        product.setTV("TV2");
    }
    public void buildSofa() {
        product.setSofa("sf2");
    }
}
//指挥者：项目经理
class ProjectManager {
    private Decorator builder;
    public ProjectManager(Decorator builder) {
        this.builder=builder;
    }
    //产品构建与组装方法
    public Parlour decorate() {
        builder.buildWall();
        builder.buildTV();
        builder.buildSofa();
        return builder.getResult();
    }
}
//对象生成器
package Builder;
import javax.xml.parsers.*;
import org.w3c.dom.*;
```

```
import java.io.*;
class ReadXML
{
    public static Object getObject()
    {
        try
        {
            DocumentBuilderFactory dFactory = DocumentBuilderFactory.newInstance();
            DocumentBuilder builder = dFactory.newDocumentBuilder();
            Document doc;
            doc = builder.parse(new File("src/Builder/config.xml"));
            NodeList nl = doc.getElementsByTagName("className");
            Node classNode=nl.item(0).getFirstChild();
            String cName="Builder."+classNode.getNodeValue();
            System.out.println("新类名: "+cName);
            Class<?> c=Class.forName(cName);
            Object obj=c.newInstance();
            return obj;
        }
        catch(Exception e)
         {
                e.printStackTrace();
                return null;
         }
    }
}
//配置文件
<?xml version="1.0" encoding="UTF-8"?>
<config>
    <className>ConcreteDecorator1</className>
</config>
```

程序运行结果如图 3.11 所示。

图 3.11　客厅装修的运行结果

3.3.4　模式的应用场景

建造者模式创建的是复杂对象，其产品的各个部分经常面临着剧烈的变化，但将它们组合在一起的算法却相对稳定，所以它通常在以下场合使用。

（1）创建的对象较复杂，由多个部件构成，各部件面临着复杂的变化，但构件间的建造顺序是稳定的。

（2）创建复杂对象的算法独立于该对象的组成部分以及它们的装配方式，即产品的构建过程和最终的表示是独立的。

3.3.5　模式的扩展

建造者模式在应用过程中可以根据需要改变，如果创建的产品种类只有一种，只需要一个具体建造者，这时可以省略掉抽象建造者，甚至可以省略掉指挥者角色。

3.4　本章小结

本章主要介绍了工厂方法模式、抽象工厂模式、建造者模式等 3 种创建型模式的定义、特点、结构与实现，并通过应用实例介绍了这 3 种创建型模式的实现方法，最后分析了它们的应用场景和扩展方向。

3.5　习题

一、单选题

1. 以下（　　）用来描述建造者（Builder）。
    A. 定义一个用于创建对象的接口，让子类决定实例化哪一个类
    B. 将一个复杂对象的构建与它的表示分离，使得同样的构建过程可以创建不同的表示
    C. 保证一个类仅有一个实例，并提供一个访问它的全局访问点
    D. 运用共享技术有效地支持大量细粒度的对象
2. 以下（　　）用来描述抽象工厂（Abstract Factory）模式。
    A. 提供一个创建一系列相关或相互依赖对象的接口，而无须指定它们具体的类
    B. 定义一个用于创建对象的接口，让子类决定实例化哪一个类
    C. 将一个类的接口转换成客户希望的另外一个接口
    D. 表示一个作用于某对象结构中的各元素的操作
3. 以下（　　）用来描述工厂方法（Factory Method）模式。
    A. 提供一个创建一系列相关或相互依赖对象的接口，而无须指定它们具体的类
    B. 表示一个作用于某对象结构中的各元素的操作。它使用户可以在不改变各元素的类的前提下定义作用于这些元素的新操作

C. 定义一个用于创建对象的接口，让子类决定实例化哪一个类。该模式使一个类的实例化延迟到其子类

D. 定义一系列的算法，把它们一个个封装起来，并且使它们可相互替换。本模式使得算法可独立于使用它的客户而变化

4. 建造者的退化模式是通过省略（　　）角色完成退化的。

　　A. 抽象产品　　　　B. 产品　　　　　C. 指挥者　　　　D. 使用者

5. 关于模式适用性，（　　）不适合使用抽象工厂（Abstract Factory）模式。

　　A. 一个系统要独立于它的产品的创建、组合和表示时

　　B. 一个系统要由多个产品系列中的一个来配置时

　　C. 当要强调一系列相关的产品对象的设计以便进行联合使用时

　　D. 当一个类希望由它的子类来指定它所创建的对象的时候

6. 关于模式适用性，（　　）不适合使用工厂方法（Factory Method）模式。

　　A. 当一个类不知道它所必须创建的对象的类的时候

　　B. 当一个类希望由它的子类来指定它所创建的对象的时候

　　C. 当用户提供一个产品类库，而只想显示它们的接口而不是实现时

　　D. 当类将创建对象的职责委托给多个帮助子类中的某一个，并且用户希望将哪一个帮助子类是代理者这一信息局部化的时候

7. 关于模式适用性，（　　）可以使用建造者（Builder）模式。

　　A. 当类只能有一个实例而且客户可以从一个众所周知的访问点访问它时

　　B. 当创建复杂对象的算法应该独立于该对象的组成部分以及它们的装配方式时

　　C. 当构造过程必须允许被构造的对象有不同的表示时

　　D. 一个对象的行为取决于它的状态，并且它必须在运行时刻根据状态改变它的行为

8. 关于模式适用性，（　　）不适合使用工厂方法（Factory Method）模式。

　　A. 一次性实现一个算法的不变的部分，并将可变的行为留给子类来实现

　　B. 当一个类希望由它的子类来指定它所创建的对象的时候

　　C. 当类将创建对象的职责委托给多个帮助子类中的某一个，并且用户希望将哪一个帮助子类是代理者这一信息局部化的时候

　　D. 当一个类不知道它所必须创建的对象的类的时候

9. 静态工厂的核心角色是（　　）。

　　A. 抽象产品　　　　B. 具体产品　　　　C. 静态工厂　　　　D. 消费者

10. 下列关于静态工厂与工厂方法表述错误的是（　　）。

　　A. 两者都满足开闭原则：静态工厂以 if…else 方式创建对象，增加需求的时候会修改源代码

　　B. 静态工厂对具体产品的创建类别和创建时机的判断是混合在一起的，这点在工厂方法中解决了

　　C. 不能形成静态工厂的继承结构

　　D. 在工厂方法模式中，对存在继承等级结构的产品树，产品的创建是通过相应等级结构的工厂创建的

二、多选题

1. 以下有关抽象工厂（Abstract Factory）模式的优点和缺点描述正确的是（　　　）。

    A. 它分离了具体的类

    B. 它使得易于交换产品系列

    C. 它有利于产品的一致性

    D. 难以支持新种类的产品

2. 当应用工厂方法（Factory Method）模式时要考虑（　　　）。

    A. 主要有两种不同的情况

    B. 参数化工厂方法

    C. 特定语言的变化和问题

    D. 使用模板以避免创建子类

3. 工厂方法（Factory Method）模式和原型（Prototype）模式之间的区别可以理解为（　　　）。

    A. Factory Method 模式是重新创建一个对象

    B. Prototype 模式是重新创建一个对象

    C. Prototype 模式是利用现有的对象进行克隆

    D. Factory Method 模式是利用现有的对象进行克隆

三、填空题

1. 工厂模式分为简单工厂、_____、_____3 种类型。

2. _____模式可以根据参数的不同返回不同的实例。

3. 工厂方法模式的主要角色有：_____、_____ 、_____和具体产品（Concrete Product）。

4. 抽象工厂模式是_____模式的升级版本，工厂方法模式只生产一个等级的产品，而抽象工厂模式可生产_____。

5. 建造者模式包括：产品角色（Product）、_____、_____、_____等主要角色。

四、简答题

1. 使用工厂模式最主要的好处是什么？在哪里使用？

2. 工厂方法模式有哪些主要的优缺点？

3. 抽象工厂模式与工厂方法模式有哪些不同之处？各自的应用场景是什么？

4. 什么是产品族？什么是产品等级？

5. 简述建造者（Builder）模式的定义、特点和应用场景。

五、编程题

1. 用工厂方法模式实现洗衣机工厂的功能。

2. 用抽象工厂模式实现服装工厂类。

分析：服装工厂能生产出各种各样的衣服，但客户完全不知道这些服装是如何被创建的。如果用抽象工厂模式来实现，可以灵活地添加新的服装类型（如夹克等），且不需要修改客户端的代码，这增加了应用程序的灵活性。

3. 用建造者模式实现肯德基"套餐"类。

分析：肯德基店有汉堡、可乐、薯条、炸鸡翅等产品，用户可以随意组合它们，生成出不同的"套餐"，所以适合使用建造者模式实现。

4. 用建造者模式实现计算机的"计算机组装"类。

分析：用户去购买计算机时可以根据自己的需要选购计算机的 CPU、内存条、显卡、主板、硬盘、显示器、键盘、鼠标等各个配件，所以选用建造者模式来实现比较适合。

5. 用建造者模式实现汽车组装工厂的功能。

分析：汽车组装工厂可以根据汽车的发动机、车轮、底盘、车座数、汽车的排量等指标为用户组装汽车，用建造者模式来实现比较适合。

4 第4章 结构型模式（上）

📖 **本章教学目标：**

- 了解结构型模式的特点与分类；
- 理解代理模式、适配器模式、桥接模式的定义与特点；
- 掌握代理模式、适配器模式、桥接模式的结构与实现；
- 学会使用这 3 种设计模式开发应用程序；
- 了解这 3 种设计模式的扩展应用。

📖 **本章重点内容：**

- 结构型模式的定义、特点和分类方法；
- 代理模式的特点、结构、应用场景与应用方法；
- 适配器模式的特点、结构、应用场景与应用方法；
- 桥接模式的特点、结构、应用场景与应用方法。

4.1 结构型模式概述

结构型模式描述如何将类或对象按某种布局组成更大的结构。它分为类结构型模式和对象结构型模式，前者采用继承机制来组织接口和类，后者采用组合或聚合来组织对象。由于组合关系或聚合关系比继承关系耦合度低，满足"合成复用原则"，所以对象结构型模式比类结构型模式具有更大的灵活性。

结构型模式分为以下 7 种。

（1）代理（Proxy）模式：为某对象提供一种代理以控制对该对象的访问。即客户端通过代理间接地访问该对象，从而限制、增强或修改该对象的一些特性。

（2）适配器（Adapter）模式：将一个类的接口转换成客户希望的另外一个接口，使得原本由于接口不兼容而不能一起工作的那些类能一起工作。

（3）桥接（Bridge）模式：将抽象与实现分离，使它们可以独立变化。它是用组合关系代替继承关系来实现的，从而降低了抽象和实现这两个可变维度的耦合度。

（4）装饰（Decorator）模式：动态地给对象增加一些职责，即增加其额外的功能。

（5）外观（Facade）模式：为多个复杂的子系统提供一个一致的接口，使这些子系统更加容易被访问。

（6）享元（Flyweight）模式：运用共享技术来有效地支持大量细粒度对象的复用。

（7）组合（Composite）模式：将对象组合成树状层次结构，使用户对单个对象和组合对象具有一致的访问性。

以上 7 种结构型模式，除了适配器模式分为类结构型模式和对象结构型模式两种，其他的全部属于对象结构型模式，下面分别用两章来详细介绍它们的特点、结构与应用。

4.2　代理模式

在有些情况下，一个客户不能或者不想直接访问另一个对象，这时需要找一个中介帮忙完成某项任务，这个中介就是代理对象。例如，购买火车票不一定要去火车站买，可以通过 12306 网站或者去火车票代售点买。又如找女朋友、找保姆、找工作等都可以通过找中介完成。在软件设计中，使用代理模式的例子也很多，例如，要访问的远程对象比较大（如视频或大图像等），其下载要花很多时间。还有因为安全原因需要屏蔽客户端直接访问真实对象，如某单位的内部数据库等。

4.2.1　模式的定义与特点

代理模式的定义：由于某些原因需要给某对象提供一个代理以控制对该对象的访问。这时，访问对象不适合或者不能直接引用目标对象，代理对象作为访问对象和目标对象之间的中介。

代理模式的主要优点有：①代理模式在客户端与目标对象之间起到一个中介作用和保护目标对象的作用；②代理对象可以扩展目标对象的功能；③代理模式能将客户端与目标对象分离，在一定程度上降低了系统的耦合度。

其主要缺点是：①在客户端和目标对象之间增加一个代理对象，会造成请求处理速度变慢；②增加了系统的复杂度。

4.2.2　模式的结构与实现

代理模式的结构比较简单，主要是通过定义一个继承抽象主题的代理来包含真实主题，从而实现对真实主题的访问，下面来分析其基本结构和实现方法。

1. 模式的结构

代理模式的主要角色如下。

（1）抽象主题（Subject）类：通过接口或抽象类声明真实主题和代理对象实现的业务方法。

（2）真实主题（Real Subject）类：实现了抽象主题中的具体业务，是代理对象所代表的真实对象，是最终要引用的对象。

（3）代理（Proxy）类：提供了与真实主题相同的接口，其内部含有对真实主题的引用，它可以访问、控制或扩展真实主题的功能。

其结构图如图 4.1 所示。

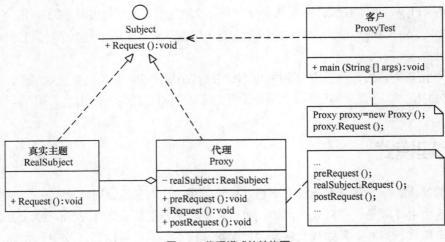

图 4.1 代理模式的结构图

2. 模式的实现

代理模式的实现代码如下：

```java
package proxy;
public class ProxyTest {
    public static void main(String[] args) {
        Proxy proxy = new Proxy();
        proxy.Request();
    }
}
//抽象主题
interface Subject
{
    void Request();
}
//真实主题
class RealSubject implements Subject
{
    public void Request()
    {
        System.out.println("访问真实主题方法...");
    }
}
//代理
class Proxy implements Subject
{
    private RealSubject realSubject;
    public void Request()
    {
        if (realSubject == null)
        {
            realSubject = new RealSubject();
        }
        preRequest();
        realSubject.Request();
```

```
            postRequest();
    }
    public void preRequest()
    {
            System.out.println("访问真实主题之前的预处理。");
    }
    public void postRequest()
    {
            System.out.println("访问真实主题之后的后续处理。");
    }
}
```

程序运行结果如下：

访问真实主题之前的预处理。

访问真实主题方法...

访问真实主题之后的后续处理。

4.2.3　模式的应用实例

【例 4.1】　韶关"天街 e 角"公司是一家婺源特产公司的代理公司，用代理模式实现。

分析：本实例中的"婺源特产公司"经营许多婺源特产，它是真实主题，提供了显示特产的 display()方法，可以用窗体程序实现。而韶关"天街 e 角"公司是婺源特产公司特产的代理，通过调用婺源特产公司的 display()方法显示代理产品，当然它可以增加一些额外的处理，如包装或加价等。客户可通过"天街 e 角"代理公司间接访问"婺源特产公司"的产品，图 4.2 所示是公司的结构图。

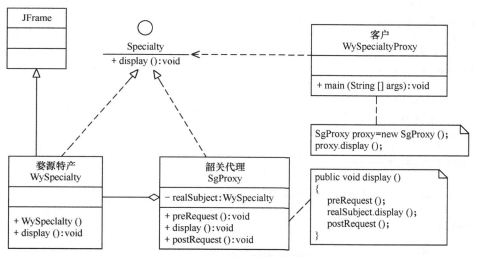

图 4.2　韶关"天街 e 角"公司的结构图

程序代码如下：

```
package proxy;
import java.awt.*;
import javax.swing.*;
public class WySpecialtyProxy {
    public static void main(String[] args) {
```

```
            SgProxy proxy = new SgProxy();
            proxy.display();
        }
    }
    //抽象主题：特产公司
    interface Specialty
    {
        void display();
    }
    //真实主题：婺源特产公司
    class WySpecialty extends JFrame implements Specialty
    {
        private static final long serialVersionUID = 1L;
        public WySpecialty()
        {
            super("韶关代理婺源特产测试");
            this.setLayout(new GridLayout(1,1));
            JLabel l1 = new JLabel(new ImageIcon("src/proxy/WuyuanSpecialty.jpg"));
            this.add(l1);
            this.pack();
            this.setDefaultCloseOperation(JFrame.EXIT_ON_CLOSE);
        }
        public void display()
        {
            this.setVisible(true);
        }
    }
    //代理：韶关"天街 e 角"代理公司
    class SgProxy implements Specialty
    {
        private WySpecialty realSubject = new WySpecialty();
        public void display()
        {
            preRequest();
            realSubject.display();
            postRequest();
        }
        public void preRequest()
        {
            System.out.println("韶关代理婺源特产开始。");
        }
        public void postRequest()
        {
            System.out.println("韶关代理婺源特产结束。");
        }
    }
```

程序运行结果如图 4.3 所示。

图 4.3　韶关"天街 e 角"公司的代理产品

4.2.4　模式的应用场景

前面分析了代理模式的结构与特点，现在来分析以下的应用场景。

（1）远程代理，这种方式通常是为了隐藏目标对象存在于不同地址空间的事实，方便客户端访问。例如，用户申请某些网盘空间时，会在用户的文件系统中建立一个虚拟的硬盘，用户访问虚拟硬盘时实际访问的是网盘空间。

（2）虚拟代理，这种方式通常用于要创建的目标对象开销很大时。例如，下载一幅很大的图像需要很长时间，因某种计算比较复杂而短时间无法完成，这时可以先用小比例的虚拟代理替换真实的对象，消除用户对服务器慢的感觉。

（3）安全代理，这种方式通常用于控制不同种类客户对真实对象的访问权限。

（4）智能指引，主要用于调用目标对象时，代理附加一些额外的处理功能。例如，增加计算真实对象的引用次数的功能，这样当该对象没有被引用时，就可以自动释放它。

（5）延迟加载，指为了提高系统的性能，延迟对目标的加载。例如，Hibernate 中就存在属性的延迟加载和关联表的延时加载。

4.2.5　模式的扩展

在前面介绍的代理模式中，代理类中包含了对真实主题的引用，这种方式存在两个缺点。

（1）真实主题与代理主题一一对应，增加真实主题也要增加代理。

（2）设计代理以前真实主题必须事先存在，不太灵活。采用动态代理模式可以解决以上问题，如 SpringAOP，其结构图如图 4.4 所示。

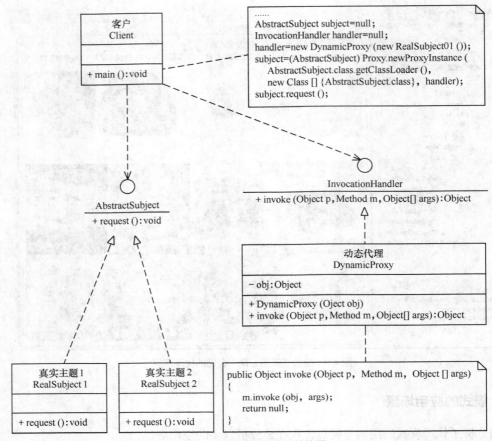

图 4.4　动态代理模式的结构图

4.3　适配器模式

在现实生活中，经常出现两个对象因接口不兼容而不能在一起工作的实例，这时需要第三者进行适配。例如，讲中文的人同讲英文的人对话时需要一个翻译，用直流电的笔记本电脑接交流电源时需要一个电源适配器，用计算机访问照相机的 SD 内存卡时需要一个读卡器等。在软件设计中也可能出现：需要开发的具有某种业务功能的组件在现有的组件库中已经存在，但它们与当前系统的接口规范不兼容，如果重新开发这些组件成本又很高，这时用适配器模式能很好地解决这些问题。

4.3.1　模式的定义与特点

适配器模式（Adapter）的定义如下：将一个类的接口转换成客户希望的另外一个接口，使得原本由于接口不兼容而不能一起工作的那些类能一起工作。适配器模式分为类结构型模式和对象结构型模式两种，前者类之间的耦合度比后者高，且要求程序员了解现有组件库中的相关组件的内部结构，所以应用相对较少些。

该模式的主要优点如下。

（1）客户端通过适配器可以透明地调用目标接口。

（2）复用了现存的类，程序员不需要修改原有代码而重用现有的适配者类。

（3）将目标类和适配者类解耦，解决了目标类和适配者类接口不一致的问题。

其缺点是：对类适配器来说，更换适配器的实现过程比较复杂。

4.3.2　模式的结构与实现

类适配器模式可采用多重继承方式实现，如 C++可定义一个适配器类来同时继承当前系统的业务接口和现有组件库中已经存在的组件接口；Java 不支持多继承，但可以定义一个适配器类来实现当前系统的业务接口，同时又继承现有组件库中已经存在的组件。对象适配器模式可采用将现有组件库中已经实现的组件引入适配器类中，该类同时实现当前系统的业务接口。现在来介绍它们的基本结构。

1. 模式的结构

适配器模式包含以下主要角色。

（1）目标（Target）接口：当前系统业务所期待的接口，它可以是抽象类或接口。

（2）适配者（Adaptee）类：它是被访问和适配的现存组件库中的组件接口。

（3）适配器（Adapter）类：它是一个转换器，通过继承或引用适配者的对象，把适配者接口转换成目标接口，让客户按目标接口的格式访问适配者。

① 类适配器模式的结构图如图 4.5 所示。

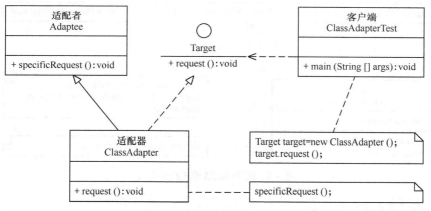

图 4.5　类适配器模式的结构图

② 对象适配器模式的结构图如图 4.6 所示。

2. 模式的实现

（1）类适配器模式的代码如下。

```java
package adapter;
//目标接口
interface Target {
    public void request();
}
//适配者类
class Adaptee {
    public void specificRequest(){
```

```
            System.out.println("适配者中的业务代码被调用！");
        }
    }
    //类适配器类
    class ClassAdapter extends Adaptee implements Target{
        public void request() {
            specificRequest();
        }
    }
    //客户端代码
    public class ClassAdapterTest {
        public static void main(String[] args) {
            System.out.println("类适配器模式测试：");
            Target target = new ClassAdapter();
            target.request();
        }
    }
```

程序的运行结果如下：

类适配器模式测试：

适配者中的业务代码被调用！

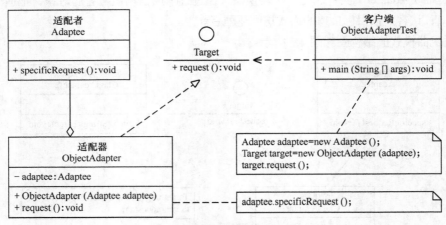

图 4.6 对象适配器模式的结构图

（2）对象适配器模式的代码如下。

说明：对象适配器模式中的"目标接口"和"适配者类"的代码同类适配器模式一样，只要修改适配器类和客户端的代码即可。

```
    package adapter;
    //对象适配器类
    class ObjectAdapter implements Target{
        private Adaptee adaptee;
        public ObjectAdapter(Adaptee adaptee){
            this.adaptee = adaptee;
        }
        public void request() {
            adaptee.specificRequest();
        }
    }
    //客户端代码
```

```
public class ObjectAdapterTest {
    public static void main(String[] args) {
        System.out.println("对象适配器模式测试：");
        Adaptee adaptee = new Adaptee();
        Target target = new ObjectAdapter(adaptee);
        target.request();
    }
}
```

程序的运行结果如下：

对象适配器模式测试：

适配者中的业务代码被调用！

4.3.3　模式的应用实例

【例 4.2】　用适配器模式模拟新能源汽车的发动机。

分析：新能源汽车的发动机有电能发动机（Electric Motor）和光能发动机（Optical Motor）等，各种发动机的驱动方法不同，例如，电能发动机的驱动方法 electricDrive()用电能驱动，而光能发动机的驱动方法 opticalDrive()用光能驱动，它们是适配器模式中被访问的适配者。客户端希望用统一的发动机驱动方法 drive()访问这两种发动机，所以必须定义一个统一的目标接口 Motor，然后再定义电能适配器（Electric Adapter）和光能适配器（Optical Adapter）去适配这两种发动机。我们把客户端想访问的新能源发动机的适配器的名称放在 XML 配置文件中，客户端可以通过对象生成器类 ReadXML 去读取。这样，客户端就可以通过 Motor 接口使用任意一种新能源发动机去驱动汽车，图 4.7 所示是其结构图。

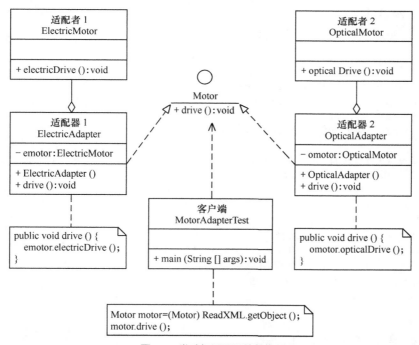

图 4.7　发动机适配器的结构图

程序代码如下：

```java
                package adapter;
                //目标：发动机接口
                interface Motor
                {
                    public void drive();
                }
                //适配者 1：电能发动机
                class ElectricMotor
                {
                    public void electricDrive()
                    {
                        System.out.println("电能发动机驱动汽车！");
                    }
                }
                //适配者 2：光能发动机
                class OpticalMotor
                {
                    public void opticalDrive()
                    {
                        System.out.println("光能发动机驱动汽车！");
                    }
                }
                //电能适配器
                class ElectricAdapter implements Motor{
                    private ElectricMotor emotor;
                    public ElectricAdapter(){
                        emotor = new ElectricMotor();
                    }
                    public void drive() {
                        emotor.electricDrive();
                    }
                }
                //光能适配器
                class OpticalAdapter implements Motor{
                    private OpticalMotor omotor;
                    public OpticalAdapter(){
                        omotor = new OpticalMotor();
                    }
                    public void drive() {
                        omotor.opticalDrive();
                    }
                }
                //客户端代码
                public class MotorAdapterTest {
                    public static void main(String[] args) {
                        System.out.println("适配器模式测试：");
                        Motor motor =(Motor)ReadXML.getObject();
                        motor.drive();
                    }
                }
                //对象生成器：从 XML 配置文件中提取适配器
                package adapter;
                import javax.xml.parsers.*;
                import org.w3c.dom.*;
```

```java
import java.io.*;
class ReadXML
{
    public static Object getObject()
    {
        try
        {
            DocumentBuilderFactory dFactory = DocumentBuilderFactory.newInstance();
            DocumentBuilder builder = dFactory.newDocumentBuilder();
            Document doc;
            doc = builder.parse(new File("src/adapter/config.xml"));
            NodeList nl = doc.getElementsByTagName("className");
            Node classNode=nl.item(0).getFirstChild();
            String cName="adapter."+classNode.getNodeValue();
            Class<?> c=Class.forName(cName);
            Object obj=c.newInstance();
            return obj;
        }
        catch(Exception e)
        {
            e.printStackTrace();
            return null;
        }
    }
}
//XML 配置文件：供用户设置具体适配器
<?xml version="1.0" encoding="UTF-8"?>
<config>
    <className>ElectricAdapter</className>
</config>
```

程序的运行结果如下：

适配器模式测试：

电能发动机驱动汽车！

> 注意
>
> 如果将配置文件中的 ElectricAdapter 改为 OpticalAdapter，则运行结果如下：
>
> 　适配器模式测试：
>
> 　光能发动机驱动汽车！

4.3.4　模式的应用场景

适配器模式通常适用于以下场景。

（1）以前开发的系统存在满足新系统功能需求的类，但其接口同新系统的接口不一致。

（2）使用第三方提供的组件，但组件接口定义和自己要求的接口定义不同。

4.3.5　模式的扩展

适配器模式可扩展为双向适配器模式，双向适配器类既可以把适配者接口转换成目标接口，也可以把目标接口转换成适配者接口，其结构图如图 4.8 所示。

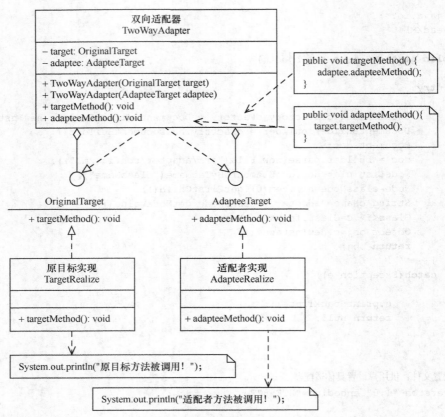

图 4.8 双向适配器模式的结构图

程序代码如下：

```java
package Adapter;
//原目标接口
interface OriginalTarget {
    public void targetMethod();
}
//适配者接口
interface AdapteeTarget {
    public void adapteeMethod();
}
//原目标实现
class TargetRealize implements OriginalTarget{
    public void targetMethod(){
        System.out.println("原目标方法被调用！");
    }
}
//适配者实现
class AdapteeRealize implements AdapteeTarget{
    public void adapteeMethod(){
        System.out.println("适配者方法被调用！");
    }
}
```

```
//双向适配器
class TwoWayAdapter implements OriginalTarget,AdapteeTarget{
    private OriginalTarget target;
    private AdapteeTarget adaptee;
    public TwoWayAdapter(OriginalTarget target){
        this.target = target;
    }
    public TwoWayAdapter(AdapteeTarget adaptee){
        this.adaptee = adaptee;
    }
    public void targetMethod() {
        adaptee.adapteeMethod();
    }
    public void adapteeMethod(){
        target.targetMethod();
    }
}
//客户端代码
public class TwoWayAdapterTest {
    public static void main(String[] args) {
        System.out.println("原目标通过双向适配器访问适配者：");
        AdapteeTarget adaptee = new AdapteeRealize();
        OriginalTarget target = new TwoWayAdapter(adaptee);
        target.targetMethod();
        System.out.println("--------------------");
        System.out.println("适配者通过双向适配器访问原目标：");
        target = new TargetRealize();
        adaptee = new TwoWayAdapter(target);
        adaptee.adapteeMethod();
    }
}
```

程序的运行结果如下：

原目标通过双向适配器访问适配者：

适配者方法被调用！

适配者通过双向适配器访问原目标：

原目标方法被调用！

4.4 桥接模式

在现实生活中，某些类具有两个或多个维度的变化，如图形既可按形状分，又可按颜色分。如何设计类似于 Photoshop 这样的软件，能画不同形状和不同颜色的图形呢？如果用继承方式，m 种形状和 n 种颜色的图形就有 $m×n$ 种，不但对应的子类很多，而且扩展困难。当然，这样的例子还有很多，如不同颜色和字体的文字、不同品牌和功率的汽车、不同性别和职业的男女、支持不同平台和不同文件格式的媒体播放器等。如果用桥接模式就能很好地解决这些问题。

4.4.1 模式的定义与特点

桥接（Bridge）模式的定义如下：将抽象与实现分离，使它们可以独立变化。它是用组合关系代替继承关系来实现，从而降低了抽象和实现这两个可变维度的耦合度。其优点是：①由于抽象与实现分离，所以扩展能力强；②其实现细节对客户透明。缺点是：由于聚合关系建立在抽象层，要求开发者针对抽象化进行设计与编程，这增加了系统的理解与设计难度。

4.4.2 模式的结构与实现

可以将抽象化部分与实现化部分分开，取消二者的继承关系，改用组合关系。

1. 模式的结构

桥接模式包含以下主要角色。

（1）抽象化（Abstraction）角色：定义抽象类，并包含一个对实现化对象的引用。

（2）扩展抽象化（Refined Abstraction）角色：是抽象化角色的子类，实现父类中的业务方法，并通过组合关系调用实现化角色中的业务方法。

（3）实现化（Implementor）角色：定义实现化角色的接口，供扩展抽象化角色调用。

（4）具体实现化（Concrete Implementor）角色：给出实现化角色接口的具体实现。

其结构图如图4.9所示。

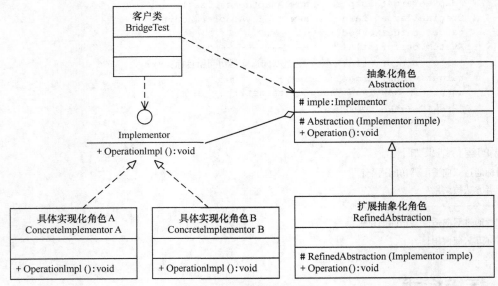

图4.9　桥接模式的结构图

2. 模式的实现

桥接模式的代码如下：

```java
package bridge;
public class BridgeTest {
    public static void main(String[] args) {
        Implementor imple=new ConcreteImplementorA();
        Abstraction abs = new RefinedAbstraction(imple);
        abs.Operation();
    }
}
//实现化角色
```

```
interface Implementor
{
    public void OperationImpl();
}
//具体实现化角色
class ConcreteImplementorA implements Implementor
{
    public void OperationImpl()
    {
        System.out.println("具体实现化(Concrete Implementor)角色被访问" );
    }
}
//抽象化角色
abstract class Abstraction
{
  protected Implementor imple;
  protected Abstraction(Implementor imple){
      this.imple = imple;
  }
  public abstract void Operation();
}
//扩展抽象化角色
class RefinedAbstraction extends Abstraction{
    protected RefinedAbstraction(Implementor imple) {
        super(imple);
    }
    public void Operation() {
        System.out.println("扩展抽象化(Refined Abstraction)角色被访问" );
        imple.OperationImpl();
    }
}
```

程序的运行结果如下：

扩展抽象化（Refined Abstraction）角色被访问
具体实现化（Concrete Implementor）角色被访问

4.4.3　模式的应用实例

【例 4.3】 用桥接模式模拟女士皮包的选购。

分析：女士皮包有很多种，可以按用途分、按皮质分、按品牌分、按颜色分、按大小分等，存在多个维度的变化，所以采用桥接模式来实现女士皮包的选购比较合适。本实例按用途分可选钱包（Wallet）和挎包（HandBag），按颜色分可选黄色（Yellow）和红色（Red）。可以按两个维度来定义，颜色类(Color)是一个维度，定义为实现化角色，它有两个具体实现化角色：黄色和红色，通过 getColor() 方法可以选择颜色；包类（Bag）是另一个维度，定义为抽象化角色，它有两个扩展抽象化角色：挎包和钱包，它包含了颜色类对象，通过 getName()方法可以选择相关颜色的挎包和钱包。客户类通过 ReadXML 类从 XML 配置文件中获取包信息，并把选到的产品通过窗体显示出现，图 4.10 所示是其结构图。

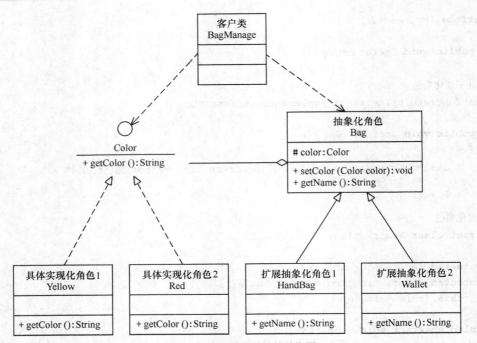

图 4.10　女士皮包选购的结构图

程序代码如下：

```java
package bridge;
import java.awt.*;
import javax.swing.*;
public class BagManage {
    public static void main(String[] args) {
        Color color;
        Bag bag;
        color=(Color)ReadXML.getObject("color");
        bag=(Bag)ReadXML.getObject("bag");
        bag.setColor(color);
        String name=bag.getName();
        show(name);
    }
    public static void show(String name)
    {
        JFrame jf = new JFrame("桥接模式测试");
        Container contentPane = jf.getContentPane();
        JPanel p = new JPanel();
        JLabel l = new JLabel(new ImageIcon("src/bridge/"+name+".jpg"));
        p.setLayout(new GridLayout(1,1));
        p.setBorder(BorderFactory.createTitledBorder("女士皮包"));
        p.add(l);
        contentPane.add(p, BorderLayout.CENTER);
        jf.pack();
        jf.setVisible(true);
        jf.setDefaultCloseOperation(JFrame.EXIT_ON_CLOSE);
    }
}
//实现化角色：颜色
interface Color
```

```
    {
        String getColor();
    }
//具体实现化角色：黄色
class Yellow implements Color
{
    public String getColor()
    {
        return "yellow";
    }
}
//具体实现化角色：红色
class Red implements Color
{
    public String getColor()
    {
        return "red";
    }
}
//抽象化角色：包
abstract class Bag
{
    protected Color color;
    public void setColor(Color color)
    {
        this.color=color;
    }
    public abstract String getName();
}
//扩展抽象化角色：挎包
class HandBag extends Bag
{
    public String getName()
    {
        return color.getColor()+"HandBag";
    }
}
//扩展抽象化角色：钱包
class Wallet extends Bag
{
    public String getName()
    {
        return color.getColor()+"Wallet";
    }
}
//对象生成器
package bridge;
import javax.xml.parsers.*;
import org.w3c.dom.*;
import java.io.*;
class ReadXML
{
    public static Object getObject(String args)
    {
        try
        {
```

```
            DocumentBuilderFactory dFactory = DocumentBuilderFactory.newInstance();
            DocumentBuilder builder = dFactory.newDocumentBuilder();
            Document doc;
            doc = builder.parse(new File("src/bridge/config.xml"));
            NodeList nl = doc.getElementsByTagName("className");
            Node classNode=null;
            if(args.equals("color"))
            {    classNode=nl.item(0).getFirstChild(); }
            else if(args.equals("bag"))
            {    classNode=nl.item(1).getFirstChild(); }
            String cName="bridge."+classNode.getNodeValue();
            Class<?> c=Class.forName(cName);
            Object obj=c.newInstance();
            return obj;
        }
        catch(Exception e)
        {
            e.printStackTrace();
            return null;
        }
    }
}
//XML 配置文件
<?xml version="1.0" encoding="UTF-8"?>
<config>
    <className>Yellow</className>
    <className>HandBag</className>
</config>
```

程序的运行结果如图 4.11 所示。

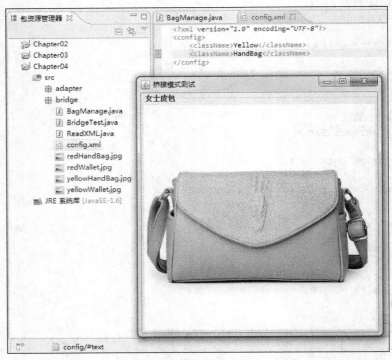

图 4.11　女士皮包选购的运行结果 1

如果将 XML 配置文件按如下修改：

```xml
<?xml version="1.0" encoding="UTF-8"?>
<config>
    <className>Red</className>
    <className>Wallet</className>
</config>
```

则程序的运行结果如图 4.12 所示。

图 4.12　女士皮包选购的运行结果 2

4.4.4　模式的应用场景

桥接模式通常适用于以下场景。

（1）当一个类存在两个独立变化的维度，且这两个维度都需要进行扩展时。

（2）当一个系统不希望使用继承或因为多层次继承导致系统类的个数急剧增加时。

（3）当一个系统需要在构件的抽象化角色和具体化角色之间增加更多的灵活性时。

4.4.5　模式的扩展

在软件开发中，有时桥接模式可与适配器模式联合使用。当桥接模式的实现化角色的接口与现有类的接口不一致时，可以在二者中间定义一个适配器将二者连接起来，其具体结构图如图 4.13 所示。

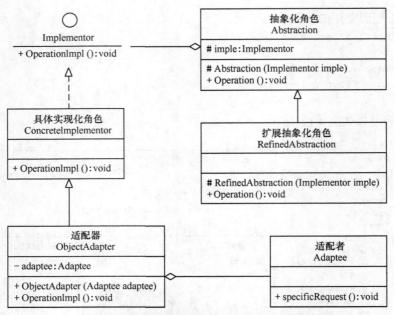

图 4.13　桥接模式与适配器模式联用的结构图

4.5　本章小结

　　本章主要介绍了结构型模式的特点和分类，以及代理模式、适配器模式、桥接模式的定义、特点、结构、实现方法与扩展方向，并通过多个应用实例来说明这 3 种设计模式的应用场景和使用方法。

4.6　习题

一、单选题

1. 用来描述适配器（Adapter）的意图是（　　　）。
   A. 将一个类的接口转换成客户希望的另外一个接口，本模式使原本由于接口不兼容而不能一起工作的那些类可以一起工作
   B. 定义一个用于创建对象的接口，让子类决定实例化哪一个类
   C. 表示一个作用于某对象结构中的各元素的操作，它使用户可以在不改变各元素的类的前提下定义作用于这些元素的新操作
   D. 将一个请求封装为一个对象，从而使用户可用不同的请求对客户进行参数化；对请求排队或记录请求日志，以及支持可撤销的操作

2. 对象适配器模式是（　　　）原则的典型应用。
   A. 合成聚合复用原则　　　　　　　　　B. 里氏替换原则
   C. 依赖倒置原则　　　　　　　　　　　D. 迪米特法则

3. 关于模式适用性，（　　　）不适合使用桥接（Bridge）模式。

A. 类的抽象以及它的实现都应该可以通过生成子类的方法加以扩充，这时 Bridge 模式使用户可以对不同的抽象接口和实现部分进行组合，并分别对它们进行扩充

B. 用户不希望在抽象和它的实现部分之间有一个固定的绑定关系，例如，这种情况可能是因为在程序运行时刻实现部分应可以被选择或者切换

C. 对一个抽象的实现部分的修改应对客户不产生影响，即客户的代码不必重新编译

D. 客户程序与抽象类的实现部分之间存在着很大的依赖性

4. 以下用来描述桥接（Bridge）的意图是（　　　）。

A. 提供一个创建一系列相关或相互依赖对象的接口，而无须指定它们具体的类

B. 将抽象部分与它的实现部分分离，使它们都可以独立变化

C. 将一个复杂对象的构建与它的表示分离，使得同样的构建过程可以创建不同的表示

D. 动态地给一个对象添加一些额外的职责

5. 关于模式适用性，以下情况不适合使用代理（Proxy）模式的是（　　　）。

A. 用户想使用一个已经存在的类，而它的接口不符合用户的需求

B. 根据需要创建开销很大的对象

C. 在需要用比较通用和复杂的对象指针代替简单的指针的时候

D. 取代了简单的指针，它在访问对象时执行一些附加操作

6. 以下意图用来描述代理（Proxy）的是（　　　）。

A. 用原型实例指定创建对象的种类，并且通过复制这些原型创建新的对象

B. 运用共享技术有效地支持大量细粒度的对象

C. 为其他对象提供一种代理以控制对这个对象的访问

D. 将一个复杂对象的构建与它的表示分离，使得同样的构建过程可以创建不同的表示

7. 关于模式适用性，不适合使用适配器（Adapter）模式的是（　　　）。

A. 用户想使用一个已经存在的类，而它的接口不符合用户的需求

B. 用户想创建一个可以复用的类，该类可以与其他不相关的类或不可预见的类（即那些接口可能不一定兼容的类）协同工作

C. 用户想使用一些已经存在的子类，但是不可能对每一个都进行子类化以匹配它们的接口。对象适配器可以适配它的父类接口

D. 如果删除对象的外部状态，那么可以用相对较少的共享对象取代很多组对象

二、多选题

1. 在不破坏类封装性的基础上，使得类可以同不曾估计到的系统进行交互，主要体现在（　　　）。

A. 适配器（Adapte）模式　　　　　　B. 合成（Composite）模式

C. 原型（Prototype）模式　　　　　　D. 桥接（Bridge）模式

2. 桥接（Bridge）模式的优点有（　　　）。

A. 分离接口及其实现部分　　　　　　B. 提高可扩充性

C. 改变值以指定新对象　　　　　　　D. 实现细节对客户透明

3. 以下关于结构型模式说法正确的是（　　　）。

A. 结构型模式可以在不破坏类封装性的基础上，实现新的功能

B. 结构型模式主要用于创建一组对象

C. 结构型模式可以创建一组类的统一访问接口

D. 结构型模式可以在不破坏类封装性的基础上，使类可以同不曾估计到的系统进行交互

4. 使用桥接（Bridge）模式时需要注意（　　　　）。

A. 仅有一个实现类的接口 Implementor

B. 创建正确的实现类的接口 Implementor 对象

C. 共享实现类的接口 Implementor 对象

D. 想使用一个已经存在的类，而它的接口不符合需求

三、填空题

1. 结构型模式分为：_____、_____、桥接模式、_____、_____、_____和_____等 7 种。

2. 代理模式的主要角色有：抽象主题类、_____和_____。

3. 代理模式的扩展是_____。

4. 适配器模式分为类适配器和对象适配器两种实现。其中，类适配器采用的是_____关系，而对象适配器采用的是_____关系。

5. 适配器模式的主要角色有：目标接口、_____和_____。

6. 当我们想将抽象部分和实现部分分离时，使它们可以独立变化，可以使用_____模式。

7. 当桥接模式的实现化角色的接口与现有类的接口不一致时，可以在二者中间定义一个_____将二者连接起来。

四、程序分析题

分析以下程序源代码：

```java
public interface AbstractPermission
{
    public void viewNote();
    public void publishNote();
    public void setLevel(int level);
}
public class PermissionProxy implements AbstractPermission
{
    private RealPermission p=new RealPermission();
    private int level=0;
    public void viewNote()
    {
        p.publishNote();
    }
    public void publishNote()
    {
        if(level==0)
        {
        System.out.println("对不起，你没有该权限!");
        }
        else if(level==1)
        {
            p.publishNote();
        }
    }
    public void setLevel(int level)
```

```
    {
        this.level=level;
    }
}
public class RealPermission implements AbstractPermission
{
    public void viewNote()
    {
        System.out.println("查看帖子! ");
    }
    public void publishNote()
    {
        System.out.println("发布新帖! ");
    }
    public void setLevel(int level){ }
}
public class Client
{
    public static void main(String args[])
    {
        AbstractPermission p=new PermissionProxy();
        p.setLevel(1);
        p.viewNote();
        p.publishNote();
    }
}
```

要求：（1）说明选择了什么设计模式？

（2）画出其结构图。

五、简答题

1. 什么是代理模式？什么时候使用代理模式？

2. 代理模式的主要优点和缺点是什么？

3. 什么是远程代理、虚拟代理和安全代理？

4. 什么是适配器模式？举例说明 Java 实现适配器模式。

5. 说明适配器模式的应用场景，并举若干应用实例。

6. 什么是桥接（Bridge）模式？它有什么优缺点？

六、综合题

Windows Media Player 和 RealPlayer 是两种常用的媒体播放器，它们的 API 结构和调用方法存在区别。现在应用程序需要支持这两种播放器 API，而且在将来可能还需要支持新的媒体播放器，请问：

（1）使用什么模式设计该应用程序？

（2）如何画出其类图？

（3）如何正确解释该类图中的成员？

第5章 结构型模式（下）

- 进一步理解结构型模式的优缺点；
- 了解装饰模式、外观模式、享元模式、组合模式的定义与特点；
- 掌握装饰模式、外观模式、享元模式、组合模式的结构与实现；
- 学会使用这 4 种设计模式开发应用程序；
- 了解这 4 种设计模式的扩展应用。

📖 本章重点内容：
- 装饰模式的特点、结构、应用场景与应用方法；
- 外观模式的特点、结构、应用场景与应用方法；
- 享元模式的特点、结构、应用场景与应用方法；
- 组合模式的特点、结构、应用场景与应用方法。

5.1 装饰模式

在现实生活中，常常需要对现有产品增加新的功能或美化其外观，如房子装修、相片加相框等。在软件开发过程中，有时想用一些现存的组件。这些组件可能只是完成了一些核心功能。但在不改变其结构的情况下，可以动态地扩展其功能。所有这些都可以采用装饰模式来实现。

5.1.1 模式的定义与特点

装饰（Decorator）模式的定义：指在不改变现有对象结构的情况下，动态地给该对象增加一些职责（即增加其额外功能）的模式，它属于对象结构型模式。

装饰模式的主要优点有：①采用装饰模式扩展对象的功能比采用继承方式更加灵活；②可以设计出多个不同的具体装饰类，创造出多个不同行为的组合。

其主要缺点是：装饰模式增加了许多子类，如果过度使用会使程序变得很复杂。

5.1.2 模式的结构与实现

通常情况下，扩展一个类的功能会使用继承方式来实现。但继承具有静态特征，耦合度高，并且随着扩展功能的增多，子类会很膨胀。如果使用组合关系来创建一个包装对象（即装饰对象）来包裹真实对象，并在保持真实对象的类结构不变的前提下，为其提供额外的功能，这就是装饰模式的目标。下面来分析其基本结构和实现方法。

1. 模式的结构

装饰模式主要包含以下角色。

（1）抽象构件（Component）角色：定义一个抽象接口以规范准备接收附加责任的对象。

（2）具体构件（Concrete Component）角色：实现抽象构件，通过装饰角色为其添加一些职责。

（3）抽象装饰（Decorator）角色：继承抽象构件，并包含具体构件的实例，可以通过其子类扩展具体构件的功能。

（4）具体装饰（Concrete Decorator）角色：实现抽象装饰的相关方法，并给具体构件对象添加附加的责任。

装饰模式的结构图如图 5.1 所示。

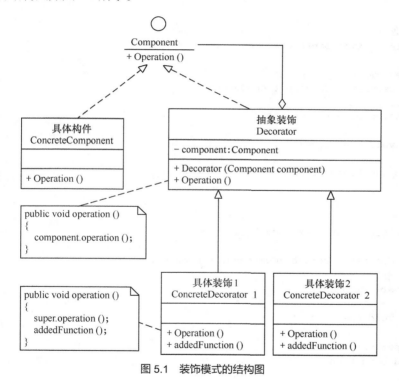

图 5.1 装饰模式的结构图

2. 模式的实现

装饰模式的实现代码如下：

```java
package decorator;
public class DecoratorPattern {
    public static void main(String[] args) {
        Component p=new ConcreteComponent();
        p.operation();
        System.out.println("-------------------------------");
        Component d=new ConcreteDecorator(p);
        d.operation();
    }
}
```

```java
//抽象构件角色
interface Component
{
    public void operation();
}
//具体构件角色
class ConcreteComponent implements Component
{
    public ConcreteComponent()
    {
        System.out.println("创建具体构件角色");
    }
    public void operation()
    {
        System.out.println("调用具体构件角色的方法 operation()");
    }
}
//抽象装饰角色
class Decorator implements Component
{
    private Component component;
    public Decorator(Component component)
    {
        this.component=component;
    }
    public void operation()
    {
        component.operation();
    }
}
//具体装饰角色
class ConcreteDecorator extends Decorator
{
    public ConcreteDecorator(Component component)
    {
        super(component);
    }
    public void operation()
    {
        super.operation();
        addedFunction();
    }
    public void addedFunction()
    {
        System.out.println("为具体构件角色增加额外的功能 addedFunction()");
    }
}
```

程序运行结果如下：

创建具体构件角色

调用具体构件角色的方法 operation()

调用具体构件角色的方法 operation()

为具体构件角色增加额外的功能 addedFunction()

5.1.3　模式的应用实例

【例 5.1】 用装饰模式实现游戏角色"莫莉卡·安斯兰"的变身。

分析：在《恶魔战士》中，游戏角色"莫莉卡·安斯兰"的原身是一个可爱少女，但当她变身时，会变成头顶及背部延伸出蝙蝠状飞翼的女妖，当然她还可以变为穿着漂亮外衣的少女。这些都可用装饰模式来实现，在本实例中的"莫莉卡"原身有 setImage(String t)方法决定其显示方式，而其变身"蝙蝠状女妖"和"着装少女"可以用 setChanger()方法来改变其外观，原身与变身后的效果用 display()方法来显示，图 5.2 所示是其结构图。

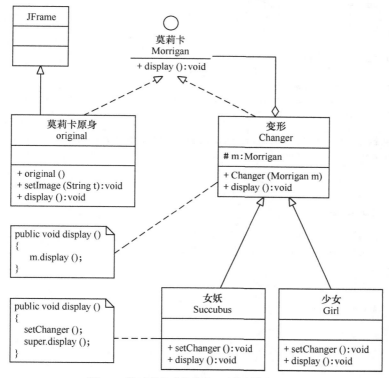

图 5.2　游戏角色"莫莉卡·安斯兰"的结构图

程序代码如下：

```java
package decorator;
import java.awt.*;
import javax.swing.*;
public class MorriganAensland {
    public static void main(String[] args) {
        Morrigan m0=new original();
        m0.display();
        Morrigan m1=new Succubus(m0);
        m1.display();
        Morrigan m2=new Girl(m0);
        m2.display();
    }
}
//抽象构件角色：莫莉卡
interface Morrigan
```

```
{
    public void display();
}
//具体构件角色：原身
class original extends JFrame implements Morrigan
{
    private static final long serialVersionUID = 1L;
    private String t="Morrigan0.jpg";
    public original()
    {
        super("《恶魔战士》中的莫莉卡·安斯兰");
    }
    public void setImage(String t)
    {
        this.t=t;
    }
    public void display()
    {
        this.setLayout(new FlowLayout());
        JLabel l1 = new JLabel(new ImageIcon("src/decorator/"+t));
        this.add(l1);
        this.pack();
        this.setDefaultCloseOperation(JFrame.EXIT_ON_CLOSE);
        this.setVisible(true);
    }
}
//抽象装饰角色：变形
class Changer implements Morrigan
{
    Morrigan m;
    public Changer(Morrigan m)
    {
        this.m=m;
    }
    public void display()
    {
        m.display();
    }
}
//具体装饰角色：女妖
class Succubus extends Changer
{
    public Succubus(Morrigan m)
    {
        super(m);
    }
    public void display()
    {
        setChanger();
        super.display();
    }
    public void setChanger()
    {
        ((original) super.m).setImage("Morrigan1.jpg");
    }
}
//具体装饰角色：少女
class Girl extends Changer
```

```
{
    public Girl(Morrigan m)
    {
        super(m);
    }
    public void display()
    {
        setChanger();
        super.display();
    }
    public void setChanger()
    {
        ((original) super.m).setImage("Morrigan2.jpg");
    }
}
```

程序运行结果如图 5.3 所示。

图 5.3 游戏角色"莫莉卡·安斯兰"的变身

5.1.4 模式的应用场景

前面讲解了关于装饰模式的结构与特点，下面介绍其适用的应用场景，装饰模式通常在以下几种情况使用。

（1）当需要给一个现有类添加附加职责，而又不能采用生成子类的方法进行扩充时。例如，该类被隐藏或者该类是终极类或者采用继承方式会产生大量的子类。

（2）当需要通过对现有的一组基本功能进行排列组合而产生非常多的功能时，采用继承关系很难实现，而采用装饰模式却很好实现。

（3）当对象的功能要求可以动态地添加，也可以再动态地撤销时。

装饰模式在 Java 语言中的最著名的应用莫过于 Java I/O 标准库的设计了。例如，InputStream 的子类 FilterInputStream，OutputStream 的子类 FilterOutputStream，Reader 的子类 BufferedReader 以及 FilterReader，还有 Writer 的子类 BufferedWriter、FilterWriter 以及 PrintWriter 等，它们都是抽象装饰类。

下面代码是为 FileReader 增加缓冲区而采用的装饰类 BufferedReader 的例子：

```
BufferedReader in = new BufferedReader(new FileReader("filename.txt"));
String s = in.readLine();
```

5.1.5 模式的扩展

装饰模式所包含的 4 个角色不是任何时候都要存在的，在有些应用环境下模式是可以简化的，如以下两种情况。

（1）如果只有一个具体构件而没有抽象构件时，可以让抽象装饰继承具体构件，其结构图如图 5.4 所示。

图 5.4　只有一个具体构件的装饰模式

（2）如果只有一个具体装饰时，可以将抽象装饰和具体装饰合并，其结构图如图 5.5 所示。

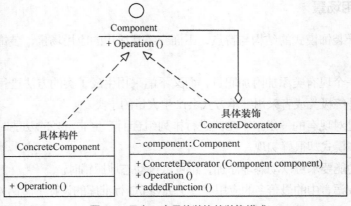

图 5.5　只有一个具体装饰的装饰模式

5.2 外观模式

在现实生活中，常常存在办事较复杂的例子，如办房产证或注册一家公司，有时要同多个部门联系，这时要是有一个综合部门能解决一切手续问题就好了。

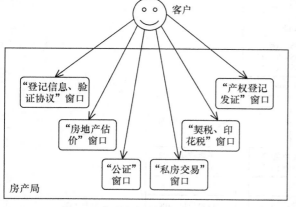

图 5.6 办理房产证过户的相关部门

软件设计也是这样，当一个系统的功能越来越强，子系统会越来越多，客户对系统的访问也变得越来越复杂。这时如果系统内部发生改变，客户端也要跟着改变，这违背了"开闭原则"，也违背了"迪米特法则"，所以有必要为多个子系统提供一个统一的接口，从而降低系统的耦合度，这就是外观模式的目标。图 5.6 给出了客户去当地房产局办理房产证过户要遇到的相关部门。

5.2.1 模式的定义与特点

外观模式的定义：是一种通过为多个复杂的子系统提供一个一致的接口，而使这些子系统更加容易被访问的模式。该模式对外有一个统一接口，外部应用程序不用关心内部子系统的具体的细节，这样会大大降低应用程序的复杂度，提高了程序的可维护性。

外观模式是"迪米特法则"的典型应用，它有以下主要优点。

① 降低了子系统与客户端之间的耦合度，使得子系统的变化不会影响调用它的客户类。

② 对客户屏蔽了子系统组件，减少了客户处理的对象数目，并使得子系统使用起来更加容易。

③ 降低了大型软件系统中的编译依赖性，简化了系统在不同平台之间的移植过程，因为编译一个子系统不会影响其他的子系统，也不会影响外观对象。

外观模式的主要缺点如下。

① 不能很好地限制客户使用子系统类。

② 增加新的子系统可能需要修改外观类或客户端的源代码，违背了"开闭原则"。

5.2.2 模式的结构与实现

外观模式的结构比较简单，主要是定义了一个高层接口。它包含了对各个子系统的引用，客户端可以通过它访问各个子系统的功能。现在来分析其基本结构和实现方法。

1. 模式的结构

外观模式包含以下主要角色。

（1）外观（Facade）角色：为多个子系统对外提供一个共同的接口。

（2）子系统（Sub System）角色：实现系统的部分功能，客户可以通过外观角色访问它。

（3）客户（Client）角色：通过一个外观角色访问各个子系统的功能。

其结构图如图 5.7 所示。

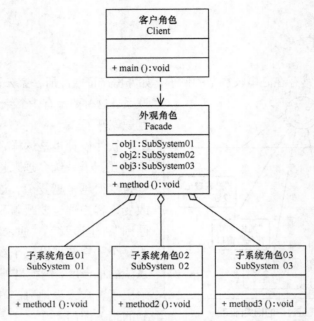

图 5.7   外观模式的结构图

2. 模式的实现

外观模式的实现代码如下：

```java
package facade;
public class FacadePattern {
    public static void main(String[] args) {
        Facade f=new Facade();
        f.method();
    }
}
//外观角色
class Facade
{
    private SubSystem01 obj1 = new SubSystem01();
    private SubSystem02 obj2 = new SubSystem02();
    private SubSystem03 obj3 = new SubSystem03();
    public void method()
    {
        obj1.method1();
        obj2.method2();
        obj3.method3();
    }
}
//子系统角色
class SubSystem01
{
    public  void method1() {
        System.out.println("子系统 01 的 method1() 被调用！");
    }
}
//子系统角色
class SubSystem02
{
    public  void method2() {
```

```
        System.out.println("子系统 02 的 method2()被调用! ");
    }
}
//子系统角色
class SubSystem03
{
    public  void method3() {
        System.out.println("子系统 03 的 method3()被调用! ");
    }
}
```

程序运行结果如下：

子系统 01 的 method1()被调用!

子系统 02 的 method2()被调用!

子系统 03 的 method3()被调用!

5.2.3　模式的应用实例

【例 5.2】 用"外观模式"设计一个婺源特产的选购界面。

分析：本实例的外观角色 WySpecialty 是 JPanel 的子类，它拥有 8 个子系统角色 Specialty1~Specialty8，它们是图标类(ImageIcon)的子类对象，用来保存该婺源特产的图标。外观类(WySpecialty)用 JTree 组件来管理婺源特产的名称，并定义一个事件处理方法 valueChanged(TreeSelectionEvent e)，当用户从树中选择特产时，该特产的图标对象保存在标签（ JLabel ）对象中。客户窗体对象用分割面板来实现，左边放外观角色的目录树，右边放显示所选特产图像的标签。其结构图如图 5.8 所示。

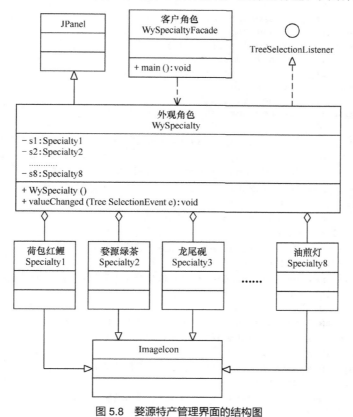

图 5.8　婺源特产管理界面的结构图

程序代码如下：

```java
package facade;
import java.awt.*;
import javax.swing.*;
import javax.swing.event.*;
import javax.swing.tree.DefaultMutableTreeNode;
//客户角色
public class WySpecialtyFacade {
    public static void main(String[] args) {
        JFrame f = new JFrame ("外观模式：婺源特产选择测试");
        Container cp = f.getContentPane();
        WySpecialty wys=new WySpecialty();
        JScrollPane treeView = new JScrollPane(wys.tree);
        JScrollPane scrollpane=new JScrollPane(wys.label);
        JSplitPane splitpane=new JSplitPane(JSplitPane.HORIZONTAL_SPLIT,true,treeView,
scrollpane); //分割面版
        splitpane.setDividerLocation(230);        //设置 splitpane 的分隔线位置
        splitpane.setOneTouchExpandable(true); //设置 splitpane 可以展开或收起
        cp.add(splitpane);
        f.setSize(650,350);
        f.setVisible(true);
        f.setDefaultCloseOperation(JFrame.EXIT_ON_CLOSE);
    }
}
//外观角色
class WySpecialty extends JPanel implements TreeSelectionListener{
    final JTree tree;
    JLabel label;
    private Specialty1 s1=new Specialty1();
    private Specialty2 s2=new Specialty2();
    private Specialty3 s3=new Specialty3();
    private Specialty4 s4=new Specialty4();
    private Specialty5 s5=new Specialty5();
    private Specialty6 s6=new Specialty6();
    private Specialty7 s7=new Specialty7();
    private Specialty8 s8=new Specialty8();
    WySpecialty(){
        DefaultMutableTreeNode top =new DefaultMutableTreeNode("婺源特产");
        DefaultMutableTreeNode node1 = null,node2 = null,tempNode = null;
        node1 = new DefaultMutableTreeNode("婺源四大特产（红、绿、黑、白）");
        tempNode =new DefaultMutableTreeNode("婺源荷包红鲤鱼");
        node1.add(tempNode);
        tempNode =new DefaultMutableTreeNode("婺源绿茶");
        node1.add(tempNode);
        tempNode =new DefaultMutableTreeNode("婺源龙尾砚");
        node1.add(tempNode);
        tempNode =new DefaultMutableTreeNode("婺源江湾雪梨");
        node1.add(tempNode);
        top.add(node1);
        node2 = new DefaultMutableTreeNode("婺源其他土特产");
        tempNode =new DefaultMutableTreeNode("婺源酒糟鱼");
        node2.add(tempNode);
        tempNode =new DefaultMutableTreeNode("婺源糟米子糕");
        node2.add(tempNode);
        tempNode =new DefaultMutableTreeNode("婺源清明果");
        node2.add(tempNode);
```

```
            tempNode =new DefaultMutableTreeNode("婺源油煎灯");
            node2.add(tempNode);
            top.add(node2);
            tree = new JTree(top);
            tree.addTreeSelectionListener(this);
            label= new JLabel();
        }
    public void valueChanged(TreeSelectionEvent e) {
        if(e.getSource()==tree)
        {
            DefaultMutableTreeNode node = (DefaultMutableTreeNode) tree.getLastSelected
PathComponent();
            if (node == null) return;
            if (node.isLeaf()) {
                Object object = node.getUserObject();
                String sele=object.toString();
                label.setText(sele);
                label.setHorizontalTextPosition(JLabel.CENTER);
                label.setVerticalTextPosition(JLabel.BOTTOM);
                sele=sele.substring(2,4);
                if(sele.equalsIgnoreCase("荷包")) label.setIcon(s1);
                else if(sele.equalsIgnoreCase("绿茶")) label.setIcon(s2);
                else if(sele.equalsIgnoreCase("龙尾")) label.setIcon(s3);
                else if(sele.equalsIgnoreCase("江湾")) label.setIcon(s4);
                else if(sele.equalsIgnoreCase("酒糟")) label.setIcon(s5);
                else if(sele.equalsIgnoreCase("糟米")) label.setIcon(s6);
                else if(sele.equalsIgnoreCase("清明")) label.setIcon(s7);
                else if(sele.equalsIgnoreCase("油煎")) label.setIcon(s8);
                label.setHorizontalAlignment(JLabel.CENTER);
            }
        }
    }
}
//子系统角色
class Specialty1 extends ImageIcon{
    Specialty1(){
        super("src/facade/WyImage/Specialty11.jpg");
    }
}
//子系统角色
class Specialty2 extends ImageIcon{
    Specialty2(){
        super("src/facade/WyImage/Specialty12.jpg");
    }
}
//子系统角色
class Specialty3 extends ImageIcon{
    Specialty3(){
        super("src/facade/WyImage/Specialty13.jpg");
    }
}
//子系统角色
class Specialty4 extends ImageIcon{
    Specialty4(){
        super("src/facade/WyImage/Specialty14.jpg");
    }
}
```

```
//子系统角色
class Specialty5 extends ImageIcon{
    Specialty5(){
        super("src/facade/WyImage/Specialty21.jpg");
    }
}
//子系统角色
class Specialty6 extends ImageIcon{
    Specialty6(){
        super("src/facade/WyImage/Specialty22.jpg");
    }
}
//子系统角色
class Specialty7 extends ImageIcon{
    Specialty7(){
        super("src/facade/WyImage/Specialty23.jpg");
    }
}
//子系统角色
class Specialty8 extends ImageIcon{
    Specialty8(){
        super("src/facade/WyImage/Specialty24.jpg");
    }
}
```

程序运行结果如图 5.9 所示。

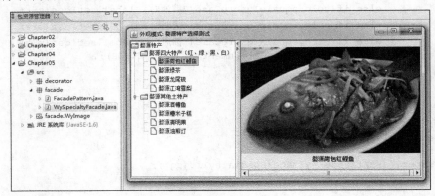

图 5.9　婺源特产管理界面的运行结果

5.2.4　模式的应用场景

通常在以下情况下可以考虑使用外观模式。

（1）对分层结构系统构建时，使用外观模式定义子系统中每层的入口点可以简化子系统之间的依赖关系。

（2）当一个复杂系统的子系统很多时，外观模式可以为系统设计一个简单的接口供外界访问。

（3）当客户端与多个子系统之间存在很大的联系时，引入外观模式可将它们分离，从而提高子系统的独立性和可移植性。

5.2.5　模式的扩展

在外观模式中，当增加或移除子系统时需要修改外观类，这违背了"开闭原则"。如果引入抽象外观类，则在一定程度上解决了该问题，其结构图如图 5.10 所示。

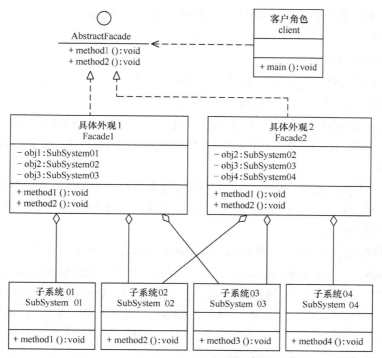

图 5.10　引入抽象外观类的外观模式的结构图

5.3　享元模式

在面向对象程序设计过程中，有时会面临要创建大量相同或相似对象实例的问题。创建那么多的对象将会耗费很多的系统资源，它是系统性能提高的一个瓶颈。例如，围棋和五子棋中的黑白棋子，图像中的坐标点或颜色，局域网中的路由器、交换机和集线器，教室里的桌子和凳子等。这些对象有很多相似的地方，如果能把它们相同的部分提取出来共享，则能节省大量的系统资源，这就是享元模式的产生背景。

5.3.1　模式的定义与特点

享元（Flyweight）模式的定义：运用共享技术来有效地支持大量细粒度对象的复用。它通过共享已经存在的对象来大幅度减少需要创建的对象数量、避免大量相似类的开销，从而提高系统资源的利用率。

享元模式的主要优点是：相同对象只要保存一份，这降低了系统中对象的数量，从而降低了系统中细粒度对象给内存带来的压力。

其主要缺点是：①为了使对象可以共享，需要将一些不能共享的状态外部化，这将增加程序的复杂性；②读取享元模式的外部状态会使得运行时间稍微变长。

5.3.2　模式的结构与实现

享元模式中存在以下两种状态：①内部状态，即不会随着环境的改变而改变的可共享部分；

②外部状态，指随环境改变而改变的不可以共享的部分。享元模式的实现要领就是区分应用中的这两种状态，并将外部状态外部化。下面来分析其基本结构和实现方法。

1. 模式的结构

享元模式的主要角色有如下。

（1）抽象享元角色（Flyweight）：是所有的具体享元类的基类，为具体享元规范需要实现的公共接口，非享元的外部状态以参数的形式通过方法传入。

（2）具体享元（Concrete Flyweight）角色：实现抽象享元角色中所规定的接口。

（3）非享元（Unsharable Flyweight）角色：是不可以共享的外部状态，它以参数的形式注入具体享元的相关方法中。

（4）享元工厂（Flyweight Factory）角色：负责创建和管理享元角色。当客户对象请求一个享元对象时，享元工厂检查系统中是否存在符合要求的享元对象，如果存在则提供给客户；如果不存在的话，则创建一个新的享元对象。

图5.11是享元模式的结构图。图中的UnsharedConcreteFlyweight是非享元角色，里面包含了非共享的外部状态信息 info；而 Flyweight 是抽象享元角色，里面包含了享元方法 operation(UnsharedConcreteFlyweight state)，非享元的外部状态以参数的形式通过该方法传入；ConcreteFlyweight 是具体享元角色，包含了关键字 key，它实现了抽象享元接口；FlyweightFactory 是享元工厂角色，它通过关键字 key 来管理具体享元；客户角色通过享元工厂获取具体享元，并访问具体享元的相关方法。

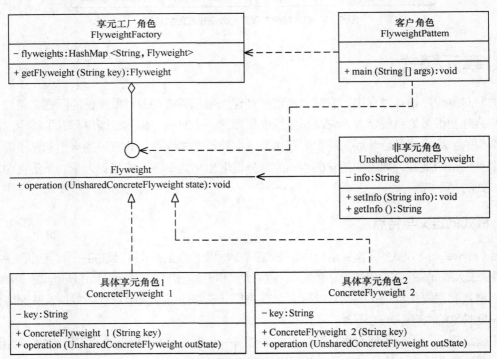

图 5.11　享元模式的结构图

2. 模式的实现

享元模式的实现代码如下：

```java
package flyweight;
```

```java
import java.util.HashMap;
public class FlyweightPattern {
    public static void main(String[] args) {
        FlyweightFactory factory = new FlyweightFactory();
        Flyweight f01 = factory.getFlyweight("a");
        Flyweight f02 = factory.getFlyweight("a");
        Flyweight f03 = factory.getFlyweight("a");
        Flyweight f11 = factory.getFlyweight("b");
        Flyweight f12 = factory.getFlyweight("b");
        f01.operation(new UnsharedConcreteFlyweight("第 1 次调用 a。"));
        f02.operation(new UnsharedConcreteFlyweight("第 2 次调用 a。"));
        f03.operation(new UnsharedConcreteFlyweight("第 3 次调用 a。"));
        f11.operation(new UnsharedConcreteFlyweight("第 1 次调用 b。"));
        f12.operation(new UnsharedConcreteFlyweight("第 2 次调用 b。"));
    }
}
//非享元角色
class UnsharedConcreteFlyweight {
    private String info;
    UnsharedConcreteFlyweight(String info){
        this.info=info;
    }
    public String getInfo() {
        return info;
    }
    public void setInfo(String info) {
        this.info = info;
    }
}
//抽象享元角色
interface Flyweight{
    public void operation(UnsharedConcreteFlyweight state);
}
//具体享元角色
class ConcreteFlyweight implements Flyweight {
    private String key;
    ConcreteFlyweight(String key){
        this.key=key;
        System.out.println("具体享元"+key+"被创建！");
    }
    public void operation(UnsharedConcreteFlyweight outState){
        System.out.print("具体享元"+key+"被调用，");
        System.out.println("非享元信息是:"+outState.getInfo());
    }
}
//享元工厂角色
class FlyweightFactory {
    private HashMap<String, Flyweight> flyweights = new HashMap<String, Flyweight>();
    public Flyweight getFlyweight(String key) {
        Flyweight flyweight = (Flyweight)flyweights.get(key);
        if( flyweight != null ) {
            System.out.println("具体享元"+key+"已经存在，被成功获取！");
        }else{
            flyweight = new ConcreteFlyweight(key);
            flyweights.put(key, flyweight);
        }
        return flyweight;
```

```
        }
    }
```

程序运行结果如下：

具体享元 a 被创建！

具体享元 a 已经存在，被成功获取！

具体享元 a 已经存在，被成功获取！

具体享元 b 被创建！

具体享元 b 已经存在，被成功获取！

具体享元 a 被调用，非享元信息是：第 1 次调用 a。

具体享元 a 被调用，非享元信息是：第 2 次调用 a。

具体享元 a 被调用，非享元信息是：第 3 次调用 a。

具体享元 b 被调用，非享元信息是：第 1 次调用 b。

具体享元 b 被调用，非享元信息是：第 2 次调用 b。

5.3.3 模式的应用实例

【例 5.3】 享元模式在五子棋游戏中的应用。

分析：五子棋同围棋一样，包含多个"黑"或"白"颜色的棋子，所以用享元模式比较好。本实例中的棋子（ChessPieces）类是抽象享元角色，它包含了一个落子的 DownPieces(Graphics g,Point pt)方法；白子（WhitePieces）和黑子（BlackPieces）类是具体享元角色，它实现了落子方法；Point 是非享元角色，它指定了落子的位置；WeiqiFactory 是享元工厂角色，它通过 ArrayList 来管理棋子，并且提供了获取白子或者黑子的 getChessPieces(String type)方法；客户类（Chessboard）利用 Graphics 组件在框架窗体中绘制一个棋盘，并实现 mouseClicked(MouseEvent e)事件处理方法，该方法根据用户的选择从享元工厂中获取白子或者黑子并落在棋盘上。图 5.12 所示是其结构图。

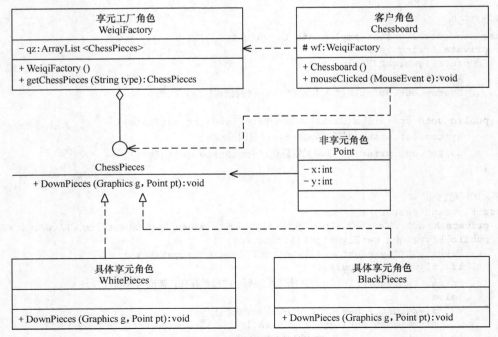

图 5.12 五子棋游戏的结构图

程序代码如下：

```java
package flyweight;
import java.awt.*;
import java.awt.event.*;
import java.util.ArrayList;
import javax.swing.*;
public class WzqGame {
    public static void main(String[] args) {
        new Chessboard();
    }
}
//客户类
class Chessboard extends MouseAdapter{
    WeiqiFactory wf;
    JFrame f;
    Graphics g;
    JRadioButton wz;
    JRadioButton bz;
    private final int x = 50;
    private final int y = 50;
    private final int w = 40;    //小方格宽度和高度
    private final int rw = 400;//棋盘宽度和高度
    Chessboard(){
        wf=new WeiqiFactory();
        f=new JFrame("享元模式在五子棋游戏中的应用");
        f.setBounds(100, 100, 500, 550);
        f.setVisible(true);
        f.setResizable(false);
        f.setDefaultCloseOperation(JFrame.EXIT_ON_CLOSE);
        JPanel SouthJP=new JPanel();
        f.add("South",SouthJP);
        wz=new JRadioButton("白子");
        bz=new JRadioButton("黑子",true);
        ButtonGroup group=new ButtonGroup();
        group.add(wz);
        group.add(bz);
        SouthJP.add(wz);
        SouthJP.add(bz);
        JPanel CenterJP=new JPanel();
        CenterJP.setLayout(null);
        CenterJP.setSize(500, 500);
        CenterJP.addMouseListener(this);
        f.add("Center",CenterJP);
        try {
                Thread.sleep(500);
         } catch (InterruptedException e) {
                e.printStackTrace();
         }
        g =  CenterJP.getGraphics();
        g.setColor(Color.BLUE);
        g.drawRect(x, y, rw, rw);
        for(int i = 1; i < 10; i ++) {
            // 绘制第 i 条竖直线
            g.drawLine(x + (i * w), y, x + (i * w), y + rw);
            // 绘制第 i 条水平线
```

```
                    g.drawLine(x, y + (i * w), x + rw, y + (i * w));
            }
        }
        public void mouseClicked(MouseEvent e){
            Point pt=new Point(e.getX()-15,e.getY()-15);
            if(wz.isSelected()){
                ChessPieces c1=wf.getChessPieces("w");
                c1.DownPieces(g,pt);
            }else if(bz.isSelected()){
                ChessPieces c2=wf.getChessPieces("b");
                c2.DownPieces(g,pt);
            }
        }
}
//抽象享元角色：棋子
interface ChessPieces{
    public void DownPieces(Graphics g,Point pt);//落子
}
//具体享元角色：白子
class WhitePieces implements ChessPieces{
    public void DownPieces(Graphics g,Point pt){
        g.setColor(Color.WHITE);
        g.fillOval(pt.x,pt.y,30,30);
    }
}
//具体享元角色：黑子
class BlackPieces implements ChessPieces{
    public void DownPieces(Graphics g,Point pt){
        g.setColor(Color.BLACK);
        g.fillOval(pt.x,pt.y,30,30);
    }
}
//享元工厂角色
class WeiqiFactory
{
    private ArrayList<ChessPieces> qz;
    public WeiqiFactory()
    {
        qz = new ArrayList<ChessPieces>();
        ChessPieces w=new WhitePieces();
        qz.add(w);
        ChessPieces b=new BlackPieces();
        qz.add(b);
    }
    public ChessPieces getChessPieces(String type)
    {
        if(type.equalsIgnoreCase("w"))
        {
            return (ChessPieces)qz.get(0);
        }
        else if(type.equalsIgnoreCase("b"))
        {
            return (ChessPieces)qz.get(1);
        }
        else
        {
```

```
                return null;
            }
        }
    }
```

程序运行结果如图 5.13 所示。

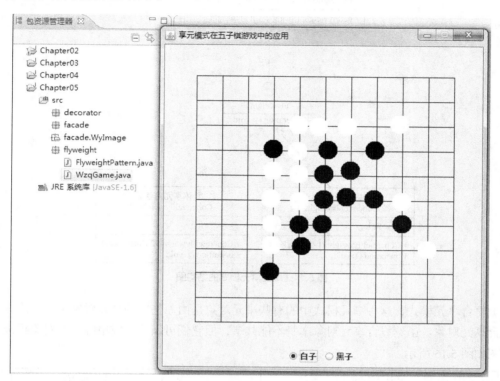

图 5.13　五子棋游戏的运行结果

5.3.4　模式的应用场景

前面分析了享元模式的结构与特点，下面分析它适用的应用场景。享元模式是通过减少内存中对象的数量来节省内存空间的，所以以下几种情形适合采用享元模式。

（1）系统中存在大量相同或相似的对象，这些对象耗费大量的内存资源。

（2）大部分的对象可以按照内部状态进行分组，且可将不同部分外部化，这样每一个组只需保存一个内部状态。

（3）由于享元模式需要额外维护一个保存享元的数据结构，所以应当在有足够多的享元实例时才值得使用享元模式。

5.3.5　模式的扩展

在前面介绍的享元模式中，其结构图通常包含可以共享的部分和不可以共享的部分。在实际使用过程中，有时候会稍加改变，即存在两种特殊的享元模式：单纯享元模式和复合享元模式，下面分别对它们进行简单介绍。

（1）单纯享元模式，这种享元模式中的所有的具体享元类都是可以共享的，不存在非共享的具体享元类，其结构图如图 5.14 所示。

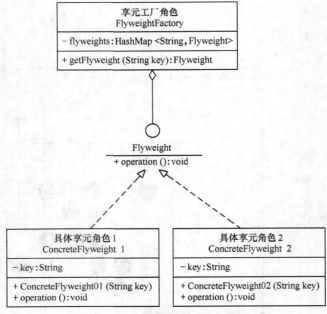

图 5.14　单纯享元模式的结构图

（2）复合享元模式，这种享元模式中的有些享元对象是由一些单纯享元对象组合而成的，它们就是复合享元对象。虽然复合享元对象本身不能共享，但它们可以分解成单纯享元对象再被共享，其结构图如图 5.15 所示。

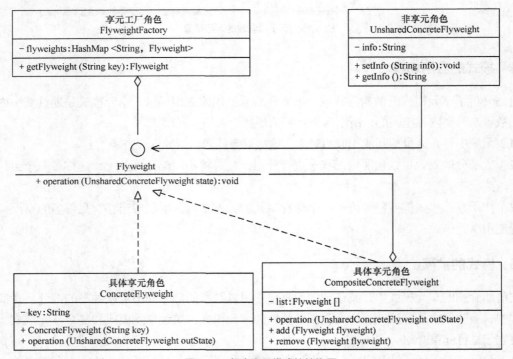

图 5.15　复合享元模式的结构图

5.4 组合模式

在现实生活中，存在很多"部分-整体"的关系，例如，大学中的部门与学院、总公司中的部门与分公司、学习用品中的书与书包、生活用品中的衣服与衣柜以及厨房中的锅碗瓢盆等。在软件开发中也是这样，例如，文件系统中的文件与文件夹、窗体程序中的简单控件与容器控件等。对这些简单对象与复合对象的处理，如果用组合模式来实现会很方便。

5.4.1 模式的定义与特点

组合（Composite）模式的定义：有时又叫作部分-整体模式，它是一种将对象组合成树状的层次结构的模式，用来表示"部分-整体"的关系，使用户对单个对象和组合对象具有一致的访问性。

组合模式的主要优点有：①组合模式使得客户端代码可以一致地处理单个对象和组合对象，无须关心自己处理的是单个对象，还是组合对象，这简化了客户端代码；②更容易在组合体内加入新的对象，客户端不会因为加入了新的对象而更改源代码，满足"开闭原则"。

其主要缺点是：①设计较复杂，客户端需要花更多时间理清类之间的层次关系；②不容易限制容器中的构件；③不容易用继承的方法来增加构件的新功能。

5.4.2 模式的结构与实现

组合模式的结构不是很复杂，下面对它的结构和实现进行分析。

1. 模式的结构

组合模式包含以下主要角色。

（1）抽象构件（Component）角色：它的主要作用是为树叶构件和树枝构件声明公共接口，并实现它们的默认行为。在透明式的组合模式中抽象构件还声明访问和管理子类的接口；在安全式的组合模式中不声明访问和管理子类的接口，管理工作由树枝构件完成。

（2）树叶构件（Leaf）角色：是组合中的叶节点对象，它没有子节点，用于实现抽象构件角色中声明的公共接口。

（3）树枝构件（Composite）角色：是组合中的分支节点对象，它有子节点。它实现了抽象构件角色中声明的接口，它的主要作用是存储和管理子部件，通常包含 Add()、Remove()、GetChild()等方法。

组合模式分为透明式的组合模式和安全式的组合模式。

（1）透明方式：在该方式中，由于抽象构件声明了所有子类中的全部方法，所以客户端无须区别树叶对象和树枝对象，对客户端来说是透明的。但其缺点是：树叶构件本来没有 Add()、Remove()及 GetChild()方法，却要实现它们（空实现或抛异常），这样会带来一些安全性问题。其结构图如图 5.16 所示。

（2）安全方式：在该方式中，将管理子构件的方法移到树枝构件中，抽象构件和树叶构件没有对子对象的管理方法，这样就避免了上一种方式的安全性问题，但由于叶子和分支有不同的接口，客户端在调用时要知道树叶对象和树枝对象的存在，所以失去了透明性。其结构图如图 5.17

所示。

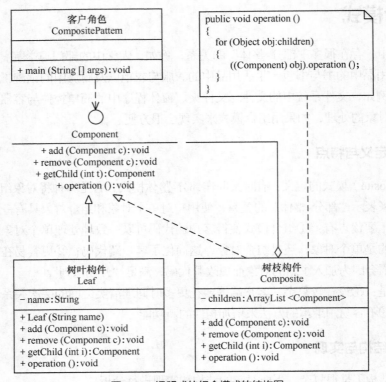

图 5.16　透明式的组合模式的结构图

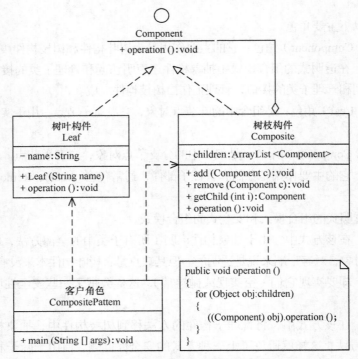

图 5.17　安全式的组合模式的结构图

2. 模式的实现

假如要访问集合 c0={leaf1,{leaf2,leaf3}}中的元素，其对应的树状图如图 5.18 所示。

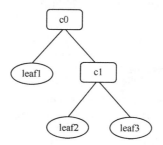

图 5.18　集合 c0 的树状图

下面给出透明式的组合模式的实现代码，与安全式的组合模式的实现代码类似，只要对其做简单修改就可以了。

```java
package composite;
import java.util.ArrayList;
public class CompositePattern {
    public static void main(String[] args){
        Component c0=new Composite();
        Component c1=new Composite();
        Component leaf1=new Leaf("1");
        Component leaf2=new Leaf("2");
        Component leaf3=new Leaf("3");
        c0.add(leaf1);
        c0.add(c1);
        c1.add(leaf2);
        c1.add(leaf3);
        c0.operation();
    }
}
//抽象构件
interface Component
{
    public void add(Component c);
    public void remove(Component c);
    public Component getChild(int i);
    public void operation();
}
//树叶构件
class Leaf implements Component
{
    private String name;
    public Leaf(String name) {
        this.name = name;
    }
    public void add(Component c){ }
    public void remove(Component c){ }
    public Component getChild(int i)
    {
        return null;
```

```
    }
    public void operation()
    {
        System.out.println("树叶"+name+": 被访问! ");
    }
}
//树枝构件
class Composite implements Component
{
    private ArrayList<Component> children = new ArrayList<Component>();
    public void add(Component c)
    {
        children.add(c);
    }
    public void remove(Component c)
    {
        children.remove(c);
    }
    public Component getChild(int i)
    {
        return children.get(i);
    }
    public void operation()
    {
        for(Object obj:children)
        {
            ((Component)obj).operation();
        }
    }
}
```

程序运行结果如下：

树叶 1：被访问！

树叶 2：被访问！

树叶 3：被访问！

5.4.3　模式的应用实例

【例 5.4】 用组合模式实现当用户在商店购物后，显示其所选商品信息，并计算所选商品总价的功能。

说明：假如李先生到韶关"天街 e 角"生活用品店购物，用 1 个红色小袋子装了 2 包婺源特产（单价 7.9 元）、1 张婺源地图（单价 9.9 元）；用 1 个白色小袋子装了 2 包韶关香菇（单价 68 元）和 3 包韶关红茶（单价 180 元）；用 1 个中袋子装了前面的红色小袋子和 1 个景德镇瓷器（单价 380 元）；用 1 个大袋子装了前面的中袋子、白色小袋子和 1 双李宁牌运动鞋（单价 198 元）。最后"大袋子"中的内容有：{1 双李宁牌运动鞋（单价 198 元）、白色小袋子{2 包韶关香菇（单价 68 元）、3 包韶关红茶（单价 180 元）}、中袋子{1 个景德镇瓷器（单价 380 元）、红色小袋子{2 包婺源特产（单价 7.9元）、1 张婺源地图（单价 9.9 元）}}}，现在要求编程显示李先生放在大袋子中的所有商品信息并计算要支付的总价。本实例可按安全组合模式设计，其结构图如图 5.19 所示。

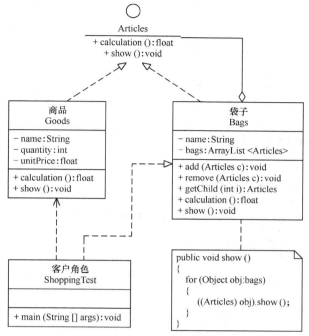

图 5.19 韶关"天街 e 角"店购物的结构图

程序代码如下：

```
package composite;
import java.util.ArrayList;
public class ShoppingTest {
    public static void main(String[] args) {
        float s = 0;
        Bags BigBag,mediumBag,smallRedBag,smallWhiteBag;
        Goods sp;
        BigBag=new Bags("大袋子");
        mediumBag=new Bags("中袋子");
        smallRedBag=new Bags("红色小袋子");
        smallWhiteBag=new Bags("白色小袋子");
        sp=new Goods("婺源特产",2,7.9f);
        smallRedBag.add(sp);
        sp=new Goods("婺源地图",1,9.9f);
        smallRedBag.add(sp);
        sp=new Goods("韶关香菇",2,68);
        smallWhiteBag.add(sp);
        sp=new Goods("韶关红茶",3,180);
        smallWhiteBag.add(sp);
        sp=new Goods("景德镇瓷器",1,380);
        mediumBag.add(sp);
        mediumBag.add(smallRedBag);
        sp=new Goods("李宁牌运动鞋",1,198);
        BigBag.add(sp);
        BigBag.add(smallWhiteBag);
        BigBag.add(mediumBag);
        System.out.println("您选购的商品有：");
        BigBag.show();
        s=BigBag.calculation();
        System.out.println("要支付的总价是："+s+"元");
```

```java
        }
    }
    //抽象构件：物品
    interface Articles
    {
        public float calculation(); //计算
        public void show();
    }
    //树叶构件：商品
    class Goods implements Articles
    {
        private String name;       //名字
        private int quantity;      //数量
        private float unitPrice; //单价
        public Goods(String name,int quantity,float unitPrice) {
            this.name = name;
            this.quantity=quantity;
            this.unitPrice=unitPrice;
        }
        public float calculation()
        {
            return quantity*unitPrice;
        }
        public void show(){
            System.out.println(name+"(数量: "+quantity+"，单价: "+unitPrice+"元)");
        }
    }
    //树枝构件：袋子
    class Bags implements Articles
    {
        private String name;       //名字
        private ArrayList<Articles> bags = new ArrayList<Articles>();
        public Bags(String name) {
            this.name = name;
        }
        public void add(Articles c)
        {
            bags.add(c);
        }
        public void remove(Articles c)
        {
            bags.remove(c);
        }
        public Articles getChild(int i)
        {
            return bags.get(i);
        }
        public float calculation()
        {
            float s = 0;
            for(Object obj:bags)
            {
                s+=((Articles)obj).calculation();
            }
            return s;
        }
        public void show(){
            for(Object obj:bags)
            {
```

```
                ((Articles)obj).show();
            }
        }
    }
```

程序运行结果如下：

您选购的商品有：
李宁牌运动鞋(数量：1，单价：198.0 元)
韶关香菇(数量：2，单价：68.0 元)
韶关红茶(数量：3，单价：180.0 元)
景德镇瓷器(数量：1，单价：380.0 元)
婺源特产(数量：2，单价：7.9 元)
婺源地图(数量：1，单价：9.9 元)
要支付的总价是：1279.7 元

5.4.4　模式的应用场景

前面分析了组合模式的结构与特点，下面分析它适用的应用场景。

（1）在需要表示一个对象整体与部分的层次结构的场合。

（2）要求对用户隐藏组合对象与单个对象的不同，用户可以用统一的接口使用组合结构中的所有对象的场合。

5.4.5　模式的扩展

如果对前面介绍的组合模式中的树叶节点和树枝节点进行抽象，也就是说树叶节点和树枝节点还有子节点，这时组合模式就扩展成复杂的组合模式了，如 Java AWT/Swing 中的简单组件 JTextComponent 有子类 JTextField、JTextArea，容器组件 Container 也有子类 Window、Panel。复杂的组合模式的结构图如图 5.20 所示。

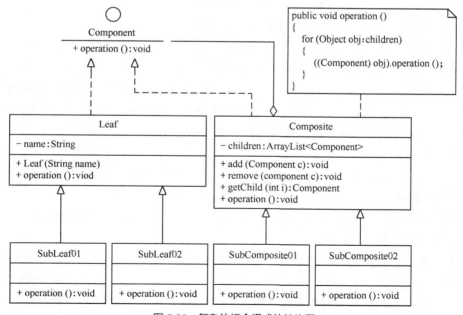

图 5.20　复杂的组合模式的结构图

5.5　本章小结

本章主要介绍了装饰模式、外观模式、享元模式、组合模式的定义、特点、结构、实现方法与扩展方向，并通过多个应用实例来说明这 4 种设计模式的应用场景和使用方法。

5.6　习题

一、单选题

1. 以下不属于结构型模式的是（　　）。
   A. 组合（Composite）
   B. 适配器（Adapter）
   C. 享元（Flyweight）
   D. 单例（Singleton）

2. 关于模式适用性，以下（　　）不适合使用享元（Flyweight）模式。
   A. 一个应用程序使用了大量的对象
   B. 完全由于使用大量的对象，造成很大的存储开销
   C. 对象的大多数状态都可变为外部状态
   D. 用户想使用一个已经存在的类，而它的接口不符合用户的需求

3. 关于模式适用性，以下（　　）不适合使用组合（Composite）模式。
   A. 用户想使用一个已经存在的类，而它的接口不符合用户的需求
   B. 用户想表示对象的部分-整体层次结构
   C. 当一个类的实例只能有几个不同状态组合中的一种时
   D. 一个对象的行为取决于它的状态，并且它必须在运行时刻根据状态改变它的行为

4. 以下意图（　　）是用来描述组合（Composite）。
   A. 为其他对象提供一种代理以控制对这个对象的访问
   B. 运用共享技术有效地支持大量细粒度的对象
   C. 将对象组合成树形结构以表示"部分-整体"的层次结构
   D. 将一个复杂对象的构建与它的表示分离，使得同样的构建过程可以创建不同的表示

5. 如果有一个 2MB 的文本(英文字母)，为了对其中的字母进行分类和计数，若为文本中的每个字母都定义一个对象显然不合实际，对与该问题最好可使用的模式是（　　）。
   A. 装饰（Decorator）模式
   B. 享元（Flyweight）模式
   C. 合成（Composite）模式
   D. 命令（Command）模式

6. 关于模式适用性，以下（　　）不适合使用装饰（Decorator）模式。
   A. 在不影响其他对象的情况下，以动态、透明的方式给单个对象添加职责
   B. 处理那些可以撤销的职责
   C. 客户程序与抽象类的实现部分之间存在着很大的依赖性
   D. 当不能采用生成子类的方法进行扩充时。一种情况是，可能有大量独立的扩展，为支持每一种组合将产生大量的子类，使得子类数目呈爆炸性增长。另一种情况可能是因为类定义被隐藏，或类定义不能用于生成子类

7. 以下意图（   ）可用来描述装饰（Decorator）。

   A. 运用共享技术有效地支持大量细粒度的对象

   B. 用原型实例指定创建对象的种类，并且通过复制这些原型创建新的对象

   C. 将抽象部分与它的实现部分分离，使它们都可以独立变化

   D. 动态地给一个对象添加一些额外的职责

8. 以下意图（   ）可用来描述外观（Facade）。

   A. 为子系统中的一组接口提供一个一致的界面，本模式定义了一个高层接口，这个接口使得这一子系统更加容易使用

   B. 定义一个用于创建对象的接口，让子类决定实例化哪一个类

   C. 保证一个类仅有一个实例，并提供一个访问它的全局访问点

   D. 在不破坏封装性的前提下，捕获一个对象的内部状态，并在该对象之外保存这个状态。这样以后就可将该对象恢复到原先保存的状态

9. 以下意图（   ）可用来描述享元（Flyweight）。

   A. 将抽象部分与它的实现部分分离，使它们都可以独立变化

   B. 运用共享技术有效地支持大量细粒度的对象

   C. 动态地给一个对象添加一些额外的职责

   D. 用原型实例指定创建对象的种类，并且通过复制这些原型创建新的对象

10. 关于模式适用性，以下（   ）适合使用组合（Composite）模式。

   A. 用户想使用一个已经存在的类，而它的接口不符合用户的需求

   B. 当一个类的实例只能有几个不同状态组合中的一种时

   C. 用户想表示对象的部分-整体层次结构

   D. 一个对象的行为取决于它的状态，并且它必须在运行时根据状态改变它的行为

二、多选题

1. 在实现组合（Composite）模式时需要考虑以下（   ）问题。

   A. 显式的父部件引用   B. 共享组件

   C. 最大化 Component 接口   D. 声明管理子部件的操作

2. 结构型模式中最体现扩展性的几种模式是（   ）。

   A. 适配器（Adapte）模式   B. 合成（Composite）模式

   C. 装饰（Decorator）模式   D. 桥接（Bridge）模式

3. 以下属于结构型模式的是（   ）。

   A. 代理（Proxy）模式   B. 合成（Composite）模式

   C. 命令（Command）模式   D. 观察者（Observer）模式

4. 关于模式适用性，以下（   ）适合使用享元（Flyweight）模式。

   A. 一个应用程序使用了大量的对象

   B. 完全由于使用大量的对象，造成很大的存储开销

   C. 对象的大多数状态都可变为外部状态

   D. 用户想使用一个已经存在的类，而它的接口不符合用户的需求

5. 使用装饰模式时应注意（   ）。

A. 接口的一致性　　　　　　　　　B. 省略抽象的 Decorator 类

C. 保持 Component 类的简单性　　　D. 改变对象外壳与改变对象内核

6. 装饰（Decorator）模式的两个主要优点有（　　　）。

　　A. 比静态继承更灵活

　　B. 避免在层次结构高层的类有太多的特征

　　C. 有许多小对象，很容易对它们进行定制，但是很难学习这些系统，排错也很困难

　　D. 装饰与它的组成不一样，装饰是一个透明的包装

7. 装饰（Decorator）模式的两个主要缺点是（　　　）。

　　A. 比静态继承更灵活

　　B. 避免在层次结构高层的类有太多的特征

　　C. 有许多小对象，很容易对它们进行定制，但是很难学习这些系统，排错也很困难

　　D. 装饰与它的组成不一样，装饰是一个透明的包装

三、填空题

1. 装饰模式主要包含以下角色：_____角色、_____角色、_____角色和具体装饰（Concrete Decorator）角色。

2. 外观模式是_____法则的典型运用。

3. 享元模式中存在_____和_____等两种状态。

4. 在享元模式中，存在_____享元模式和_____享元模式等两种享元模式。

5. 组合模式属于_____模式，原型模式属于_____模式。

6. 组合模式分为：_____的组合模式和_____的组合模式。

四、程序分析题

1. 认真分析以下程序代码，按要求回答问题。

```java
public class Client2010 {
    public static void main(String[] args) {
        KitchenWare kw1,kw2,kw3,kw4;
        WareFactory df=new WareFactory();
        kw1=df.getKitchenWare("饭碗");
        kw1.use();
        kw2=df.getKitchenWare("饭碗");
        kw2.use();
        kw3=df.getKitchenWare("杯子");
        kw3.use();
        kw4=df.getKitchenWare("杯子");
        kw4.use();
        System.out.println("厨具种类:" + df.getTotalWare());
        System.out.println("生成的厨具数:" + df.gettotalNum());
    }
}
import java.util.*;
public class WareFactory {
    private ArrayList Wares = new ArrayList();
    private int totalNum=0;
```

```
    public WareFactory()
    {
        KitchenWare nd1=new bowl("饭碗");
        Wares.add(nd1);
        KitchenWare nd2=new cup("杯子");
        Wares.add(nd2);
    }
    public KitchenWare getKitchenWare(String type)
    {
        if(type.equalsIgnoreCase("饭碗"))
        {
            totalNum++;
            return (KitchenWare)Wares.get(0);
        }
        else if(type.equalsIgnoreCase("杯子"))
        {
            totalNum++;
            return (KitchenWare)Wares.get(1);
        }
        else    { return null;    }
    }
    public int getTotalWare(){     return Wares.size();     }
    public int gettotalNum()    {      return totalNum;     }
}
public interface KitchenWare {
    public String getType();
    public void use();
}
public class bowl implements KitchenWare {
    private String type;
    public bowl(String type)    {    this.type=type;    }
    @Override
    public String getType() {    return this.type;    }
    @Override
    public void use() {         System.out.println("使用的厨具是： " + this.type);    }
}
public class cup implements KitchenWare {
    private String type;
    public cup(String type)    {    this.type=type;    }
    @Override
    public String getType() {    return this.type;    }
    @Override
    public void use() {         System.out.println("使用的厨具是： " +this.type);    }
}
```

要求：（1）说明选择了什么设计模式？

　　　（2）画出其类图。

2. 认真分析图 5.21 所示类图，按要求回答问题。

厨具工厂（WareFactory）能生产和管理饭碗（bowl）和杯子（cup）等厨具（KitchenWare），现已画好了图 5.21 所示类图，按要求完成以下任务。

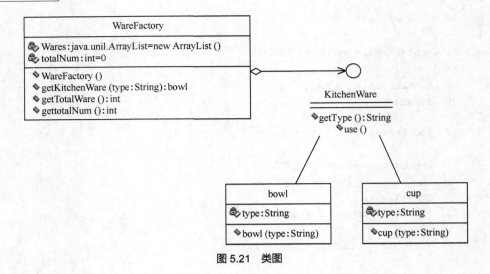

图 5.21　类图

要求：（1）说明选择了什么设计模式？

　　　　（2）写出其程序代码。

五、简答题

1. 在 Java 中找一个应用装饰模式（Decorator Pattern）的实例。

2. 什么时候使用装饰模式（Decorator Pattern）？

3. 简述外观（Facade）模式的定义、特点与应用场景。

4. 享元工厂（Flyweight Factory）有什么作用？它是工厂模式在享元模式中的应用吗？请分析说明。

5. 简述组合模式的结构，并画出安全组合模式的类图。

6 第6章 行为型模式（上）

📖 **本章教学目标：**

- 了解行为型模式的概念与分类；
- 理解模板方法模式、策略模式、命令模式的定义与特点；
- 掌握模板方法模式、策略模式、命令模式的结构与实现；
- 学会使用这 3 种设计模式开发应用程序；
- 了解这 3 种设计模式的扩展应用。

📖 **本章重点内容：**

- 行为型模式的定义、特点和分类方法；
- 模板方法模式的特点、结构、应用场景与应用方法；
- 策略模式的特点、结构、应用场景与应用方法；
- 命令模式的特点、结构、应用场景与应用方法。

6.1 行为型模式概述

行为型模式用于描述程序在运行时复杂的流程控制，即描述多个类或对象之间怎样相互协作共同完成单个对象都无法单独完成的任务，它涉及算法与对象间职责的分配。行为型模式分为类行为模式和对象行为模式，前者采用继承机制来在类间分派行为，后者采用组合或聚合在对象间分配行为。由于组合关系或聚合关系比继承关系耦合度低，满足"合成复用原则"，所以对象行为模式比类行为模式具有更大的灵活性。

行为型模式是 GoF 设计模式中最为庞大的一类，它包含以下 11 种模式。

（1）模板方法（Template Method）模式：定义一个操作中的算法骨架，将算法的一些步骤延迟到子类中，使得子类在可以不改变该算法结构的情况下重定义该算法的某些特定步骤。

（2）策略（Strategy）模式：定义了一系列算法，并将每个算法封装起来，使它们可以相互替换，且算法的改变不会影响使用算法的客户。

（3）命令（Command）模式：将一个请求封装为一个对象，使发出请求的责任和执行请求的责任分割开。

（4）职责链（Chain of Responsibility）模式：把请求从链中的一个对象传到下一个对象，直到请求被响应为止。通过这种方式去除对象之间的耦合。

（5）状态（State）模式：允许一个对象在其内部状态发生改变时改变其行为能力。

（6）观察者（Observer）模式：多个对象间存在一对多关系，当一个对象发生改变时，把这种改变通知给其他多个对象，从而影响其他对象的行为。

（7）中介者（Mediator）模式：定义一个中介对象来简化原有对象之间的交互关系，降低系统中对象间的耦合度，使原有对象之间不必相互了解。

（8）迭代器（Iterator）模式：提供一种方法来顺序访问聚合对象中的一系列数据，而不暴露聚合对象的内部表示。

（9）访问者（Visitor）模式：在不改变集合元素的前提下，为一个集合中的每个元素提供多种访问方式，即每个元素有多个访问者对象访问。

（10）备忘录（Memento）模式：在不破坏封装性的前提下，获取并保存一个对象的内部状态，以便以后恢复它。

（11）解释器（Interpreter）模式：提供如何定义语言的文法，以及对语言句子的解释方法，即解释器。

以上 11 种行为型模式，除了模板方法模式和解释器模式是类行为型模式，其他的全部属于对象行为型模式，下面分别用 3 章来详细介绍它们的特点、结构与应用。

6.2　模板方法模式

在面向对象程序设计过程中，程序员常常会遇到这种情况：设计一个系统时知道了算法所需的关键步骤，而且确定了这些步骤的执行顺序，但某些步骤的具体实现还未知，或者说某些步骤的实现与具体的环境相关。例如，去银行办理业务一般要经过以下 4 个流程：取号、排队、办理具体业务、对银行工作人员进行评分等，其中取号、排队和对银行工作人员进行评分的业务对每个客户是一样的，可以在父类中实现，但是办理具体业务却因人而异，它可能是存款、取款或者转账等，可以延迟到子类中实现。这样的例子在生活中还有很多，例如，一个人每天会起床、吃饭、做事、睡觉等，其中"做事"的内容每天可能不同。我们把这些规定了流程或格式的实例定义成模板，允许使用者根据自己的需求去更新它，例如，简历模板、论文模板、Word 中模板文件等。以下介绍的模板方法模式将解决以上类似的问题。

6.2.1　模式的定义与特点

模板方法（Template Method）模式的定义如下：定义一个操作中的算法骨架，而将算法的一些步骤延迟到子类中，使得子类可以不改变该算法结构的情况下重定义该算法的某些特定步骤。它是一种类行为型模式。

该模式的主要优点如下。

① 它封装了不变部分，扩展可变部分。它把认为是不变部分的算法封装到父类中实现，而把可变部分算法由子类继承实现，便于子类继续扩展。

② 它在父类中提取了公共的部分代码，便于代码复用。

③ 部分方法是由子类实现的，因此子类可以通过扩展方式增加相应的功能，符合开闭原则。

该模式的主要缺点如下。

① 对每个不同的实现都需要定义一个子类，这会导致类的个数增加，系统更加庞大，设计也更加抽象。

② 父类中的抽象方法由子类实现，子类执行的结果会影响父类的结果，这导致一种反向的控制结构，它提高了代码阅读的难度。

6.2.2　模式的结构与实现

模板方法模式需要注意抽象类与具体子类之间的协作。它用到了虚函数的多态性技术以及"不用调用我，让我来调用你"的反向控制技术。现在来介绍它们的基本结构。

1.　模式的结构

模板方法模式包含以下主要角色。

（1）抽象类（Abstract Class）：负责给出一个算法的轮廓和骨架。它由一个模板方法和若干个基本方法构成。这些方法的定义如下。

① 模板方法：定义了算法的骨架，按某种顺序调用其包含的基本方法。

② 基本方法：是整个算法中的一个步骤，包含以下几种类型。

• 抽象方法：在抽象类中申明，由具体子类实现。

• 具体方法：在抽象类中已经实现，在具体子类中可以继承或重写它。

• 钩子方法：在抽象类中已经实现，包括用于判断的逻辑方法和需要子类重写的空方法两种。

（2）具体子类（Concrete Class）：实现抽象类中所定义的抽象方法和钩子方法，它们是一个顶级逻辑的一个组成步骤。

模板方法模式的结构图如图 6.1 所示。

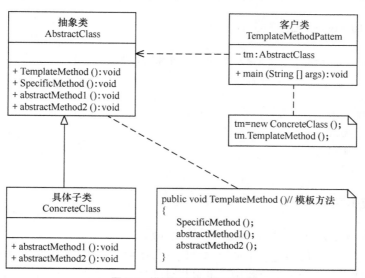

图 6.1　模板方法模式的结构图

2.　模式的实现

模板方法模式的代码如下：

```
package templateMethod;
public class TemplateMethodPattern {
```

```
    public static void main(String[] args) {
        AbstractClass tm=new ConcreteClass();
        tm.TemplateMethod();
    }
}
//抽象类
abstract class AbstractClass
{
    public void TemplateMethod() //模板方法
    {
        SpecificMethod();
        abstractMethod1();
        abstractMethod2();
    }
    public void SpecificMethod() //具体方法
    {
        System.out.println("抽象类中的具体方法被调用...");
    }
    public abstract void abstractMethod1(); //抽象方法 1
    public abstract void abstractMethod2(); //抽象方法 2
}
//具体子类
class ConcreteClass extends AbstractClass
{
    public void abstractMethod1()
    {
        System.out.println("抽象方法 1 的实现被调用...");
    }
    public void abstractMethod2()
    {
        System.out.println("抽象方法 2 的实现被调用...");
    }
}
```

程序的运行结果如下：

抽象类中的具体方法被调用...

抽象方法 1 的实现被调用...

抽象方法 2 的实现被调用...

6.2.3 模式的应用实例

【例 6.1】 用模板方法模式实现出国留学手续设计程序。

分析：出国留学手续一般经过以下流程：索取学校资料，提出入学申请，办理因私出国护照、出境卡和公证，申请签证，体检、订机票、准备行装，抵达目标学校等，其中有些业务对各个学校是一样的，但有些业务因学校不同而不同，所以比较适合用模板方法模式来实现。在本实例中，我们先定义一个出国留学的抽象类 StudyAbroad，里面包含了一个模板方法 TemplateMethod()，该方法中包含了办理出国留学手续流程中的各个基本方法，其中有些方法的处理由于各国都一样，所以在抽象类中就可以实现，但有些方法的处理各国是不同的，必须在其具体子类（如美国留学类

StudyInAmerica）中实现。如果再增加一个国家，只要增加一个子类就可以了，图 6.2 所示是其结构图。

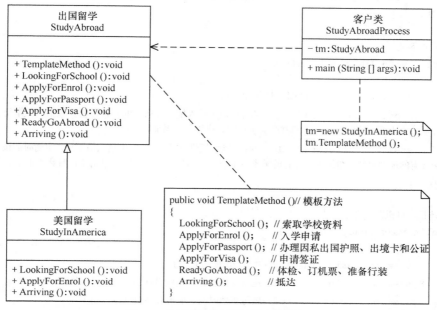

图 6.2　出国留学手续设计程序的结构图

程序代码如下：

```
package templateMethod;
public class StudyAbroadProcess {
    public static void main(String[] args) {
        StudyAbroad tm=new StudyInAmerica();
        tm.TemplateMethod();
    }
}
//抽象类：出国留学
abstract class StudyAbroad
{
    public void TemplateMethod() //模板方法
    {
        LookingForSchool(); //索取学校资料
        ApplyForEnrol();     //入学申请
        ApplyForPassport(); //办理因私出国护照、出境卡和公证
        ApplyForVisa();      //申请签证
        ReadyGoAbroad();     //体检、订机票、准备行装
        Arriving();          //抵达
    }
    //办理因私出国护照、出境卡和公证
    public void ApplyForPassport()
    {
        System.out.println("三.办理因私出国护照、出境卡和公证");
```

```
        System.out.println("   （1）持录取通知书、本人户口簿或身份证向户口所在地公安机关申请办理
因私出国护照和出境卡;");
        System.out.println("   （2）办理出生公证书,学历、学位和成绩公证,经历证书,亲属关系公证,
经济担保公证。");
    }
    //申请签证
    public void ApplyForVisa()
    {
        System.out.println("四.申请签证");
        System.out.println("   （1）准备申请国外入境签证所需的各种资料,包括个人学历、成绩单、工
作经历的证明;个人及家庭收入、资金和财产证明;家庭成员的关系证明等;");
        System.out.println("   （2）向拟留学国家驻华使(领)馆申请入境签证。申请时需按要求填写有关
表格,递交必需的证明材料,缴纳签证。有的国家(如美国、英国、加拿大等)在申请签证时会要求申请人前往使(领)
馆进行面试。");
    }
    //体检、订机票、准备行装
    public void ReadyGoAbroad()
    {
        System.out.println("五.体检、订机票、准备行装");
        System.out.println("   （1）进行身体检查、免疫检查和接种传染病疫苗;");
        System.out.println("   （2）确定机票时间、航班和转机地点。");
    }
    public abstract void LookingForSchool();//索取学校资料
    public abstract void ApplyForEnrol();   //入学申请
    public abstract void Arriving();        //抵达
}
//具体子类：美国留学
class StudyInAmerica extends StudyAbroad
{
    @Override
    public void LookingForSchool() {
        System.out.println("一.索取学校以下资料");
        System.out.println("   （1）对留学意向国家的政治、经济、文化背景和教育体制、学术水平进行较
为全面的了解;");
        System.out.println("（2）全面了解和掌握国外学校的情况,包括历史、学费、学制、专业、师资配
备、教学设施、学术地位、学生人数等;");
        System.out.println("   （3）了解该学校的住宿、交通、医疗保险情况如何;");
        System.out.println("   （4）该学校在中国是否有授权代理招生的留学中介公司? ");
        System.out.println("   （5）掌握留学签证情况;");
        System.out.println("   （6）该国政府是否允许留学生合法打工? ");
        System.out.println("   （7）毕业之后可否移民? ");
        System.out.println("   （8）文凭是否受到我国认可? ");
    }
    @Override
    public void ApplyForEnrol() {
        System.out.println("二.入学申请");
        System.out.println("（1）填写报名表;");
```

```
        System.out.println("（2）将报名表、个人学历证明、最近的学习成绩单、推荐信、个人简历、托福
或雅思语言考试成绩单等资料寄往所申请的学校；");
        System.out.println("（3）为了给签证办理留有充裕的时间，建议越早申请越好，一般提前 1 年就
比较从容。");
    }
    @Override
    public void Arriving() {
        System.out.println("六.抵达目标学校");
        System.out.println("（1）安排住宿；");
        System.out.println("（2）了解校园及周边环境。");
    }
}
```

程序的运行结果如下：

一、索取学校以下资料

（1）对留学意向国家的政治、经济、文化背景和教育体制、学术水平进行较为全面的了解；

（2）全面了解和掌握国外学校的情况，包括历史、学费、学制、专业、师资配备、教学设施、学术地位、学生人数等；

（3）了解该学校的住宿、交通、医疗保险情况如何；

（4）该学校在中国是否有授权代理招生的留学中介公司？

（5）掌握留学签证情况；

（6）该国政府是否允许留学生合法打工？

（7）毕业之后可否移民？

（8）文凭是否受到我国认可？

二、入学申请

（1）填写报名表；

（2）将报名表、个人学历证明、最近的学习成绩单、推荐信、个人简历、托福或雅思语言考试成绩单等资料寄往所申请的学校；

（3）为了给签证办理留有充裕的时间，建议越早申请越好，一般提前 1 年就比较从容。

三、办理因私出国护照、出境卡和公证

（1）持录取通知书、本人户口簿或身份证向户口所在地公安机关申请办理因私出国护照和出境卡；

（2）办理出生公证书，学历、学位和成绩公证，经历证书，亲属关系公证，经济担保公证。

四、申请签证

（1）准备申请国外入境签证所需的各种资料，包括个人学历、成绩单、工作经历的证明；个人及家庭收入、资金和财产证明；家庭成员的关系证明等；

（2）向拟留学国家驻华使(领)馆申请入境签证。申请时需按要求填写有关表格，递交必需的证明材料，缴纳签证。有的国家（如美国、英国、加拿大等）在申请签证时会要求申请人前往使（领）馆进行面试。

五、体检、订机票、准备行装

（1）进行身体检查、免疫检查和接种传染病疫苗；

（2）确定机票时间、航班和转机地点。

六、抵达目标学校

（1）安排住宿；

（2）了解校园及周边环境。

6.2.4　模式的应用场景

模板方法模式通常适用于以下场景。

（1）算法的整体步骤很固定，但其中个别部分易变时，这时候可以使用模板方法模式，将容易变的部分抽象出来，供子类实现。

（2）当多个子类存在公共的行为时，可以将其提取出来并集中到一个公共父类中以避免代码重复。首先，要识别现有代码中的不同之处，并且将不同之处分离为新的操作。最后，用一个调用这些新的操作的模板方法来替换这些不同的代码。

（3）当需要控制子类的扩展时，模板方法只在特定点调用钩子操作，这样就只允许在这些点进行扩展。

6.2.5　模式的扩展

在模板方法模式中，基本方法包含：抽象方法、具体方法和钩子方法，正确使用"钩子方法"可以使得子类控制父类的行为。如下面例子中，可以通过在具体子类中重写钩子方法 HookMethod1() 和 HookMethod2() 来改变抽象父类中的运行结果，其结构图如图 6.3 所示。

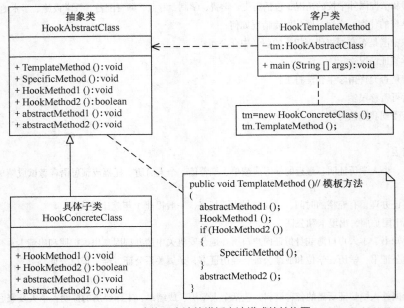

图 6.3　含钩子方法的模板方法模式的结构图

程序代码如下：

```java
package templateMethod;
public class HookTemplateMethod {
    public static void main(String[] args) {
        HookAbstractClass tm=new HookConcreteClass();
        tm.TemplateMethod();
    }
}
//含钩子方法的抽象类
abstract class HookAbstractClass
{
    public void TemplateMethod() //模板方法
    {
```

```
        abstractMethod1();
        HookMethod1();
        if(HookMethod2())
        {
            SpecificMethod();
        }
        abstractMethod2();
    }
     public void SpecificMethod() //具体方法
     {
         System.out.println("抽象类中的具体方法被调用...");
     }
     public void HookMethod1(){}  //钩子方法 1
     public boolean HookMethod2() //钩子方法 2
     {
         return true;
     }
    public abstract void abstractMethod1(); //抽象方法 1
    public abstract void abstractMethod2(); //抽象方法 2
}
//含钩子方法的具体子类
class HookConcreteClass extends HookAbstractClass
{
    public void abstractMethod1()
    {
        System.out.println("抽象方法 1 的实现被调用...");
    }
    public void abstractMethod2()
    {
        System.out.println("抽象方法 2 的实现被调用...");
    }
    public void HookMethod1()
    {
        System.out.println("钩子方法 1 被重写...");
    }
    public boolean HookMethod2()
    {
        return false;
    }
}
```

程序的运行结果如下：

抽象方法 1 的实现被调用...

钩子方法 1 被重写...

抽象方法 2 的实现被调用...

如果钩子方法 HookMethod1()和钩子方法 HookMethod2()的代码改变，则程序的运行结果也会改变。

6.3　策略模式

在现实生活中常常遇到实现某种目标存在多种策略可供选择的情况，例如，出行旅游可以乘坐飞机、乘坐火车、骑自行车或自己开私家车等，超市促销可以采用打折、送商品、送积分等方法。在软件开发中也常常遇到类似的情况，当实现某一个功能存在多种算法或者策略，我们可以根据环境或者条件的不同选择不同的算法或者策略来完成该功能，如数据排序策略有冒泡排序、选择排序、插入排序、二叉树排序等。如果使用多重条件转移语句实现（即硬编码），不但使条件语句变得很复杂，而且增加、删除或更换算法要修改原代码，不易维护，违背开闭原则。如果采用策略模式就能很好解决该问题。

6.3.1　模式的定义与特点

策略（Strategy）模式的定义：该模式定义了一系列算法，并将每个算法封装起来，使它们可以相互替换，且算法的变化不会影响使用算法的客户。策略模式属于对象行为模式，它通过对算法进行封装，把使用算法的责任和算法的实现分割开来，并委派给不同的对象对这些算法进行管理。

策略模式的主要优点如下。

① 多重条件语句不易维护，而使用策略模式可以避免使用多重条件语句。

② 策略模式提供了一系列的可供重用的算法族，恰当使用继承可以把算法族的公共代码转移到父类里面，从而避免重复的代码。

③ 策略模式可以提供相同行为的不同实现，客户可以根据不同时间或空间要求选择不同的策略。

④ 策略模式提供了对开闭原则的完美支持，可以在不修改原代码的情况下，灵活增加新算法。

⑤ 策略模式把算法的使用放到环境类中，而算法的实现移到具体策略类中，实现了二者的分离。

其主要缺点如下。

① 客户端必须理解所有策略算法的区别，以便适时选择恰当的算法类。

② 策略模式造成很多的策略类。

6.3.2　模式的结构与实现

策略模式是准备一组算法，并将这组算法封装到一系列的策略类里面，作为一个抽象策略类的子类。策略模式的重心不是如何实现算法，而是如何组织这些算法，从而让程序结构更加灵活，具有更好的维护性和扩展性，现在我们来分析其基本结构和实现方法。

1. 模式的结构

策略模式的主要角色如下。

（1）抽象策略（Strategy）类：定义了一个公共接口，各种不同的算法以不同的方式实现这个接口，环境角色使用这个接口调用不同的算法，一般使用接口或抽象类实现。

（2）具体策略（Concrete Strategy）类：实现了抽象策略定义的接口，提供具体的算法实现。

（3）环境（Context）类：持有一个策略类的引用，最终给客户端调用。

其结构图如图6.4所示。

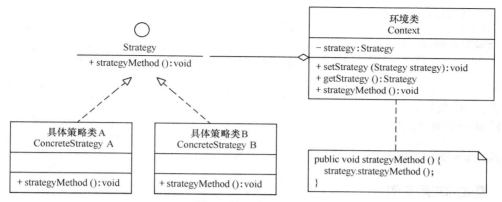

图 6.4　策略模式的结构图

2. 模式的实现

策略模式的实现代码如下：

```java
package strategy;
public class StrategyPattern{
    public static void main(String[] args) {
        Context c=new Context();
        Strategy s=new ConcreteStrategyA();
        c.setStrategy(s);
        c.strategyMethod();
        System.out.println("-----------------");
        s=new ConcreteStrategyB();
        c.setStrategy(s);
        c.strategyMethod();
    }
}
//抽象策略类
interface Strategy{
    public void strategyMethod();//策略方法
}
//具体策略类 A
class ConcreteStrategyA implements Strategy{
    public void strategyMethod() {
        System.out.println("具体策略 A 的策略方法被访问！");
    }
}
//具体策略类 B
class ConcreteStrategyB implements Strategy{
  public void strategyMethod() {
        System.out.println("具体策略 B 的策略方法被访问！");
  }
}
//环境类
class Context{
    private Strategy strategy;
    public Strategy getStrategy() {
        return strategy;
    }
    public void setStrategy(Strategy strategy) {
```

```
            this.strategy = strategy;
        }
        public void strategyMethod()() {
            strategy.strategyMethod();
        }
    }
```

程序运行结果如下：

具体策略 A 的策略方法被访问！

具体策略 B 的策略方法被访问！

6.3.3 模式的应用实例

【例 6.2】 策略模式在"大闸蟹"做菜中的应用。

分析：关于大闸蟹的做法有很多种，我们以清蒸大闸蟹和红烧大闸蟹两种方法为例，介绍策略模式的应用。首先，定义一个大闸蟹加工的抽象策略类（CrabCooking），里面包含了一个做菜的抽象方法 CookingMethod()；然后，定义清蒸大闸蟹（SteamedCrabs）和红烧大闸蟹（BraisedCrabs）的具体策略类，它们实现了抽象策略类中的抽象方法；由于本程序要显示做好的结果图，所以将具体策略类定义成 JLabel 的子类；最后，定义一个厨房（Kitchen）环境类，它具有设置和选择做菜策略的方法；客户类通过厨房类获取做菜策略，并把做菜结果图在窗体中显示出来，图 6.5 所示是其结构图。

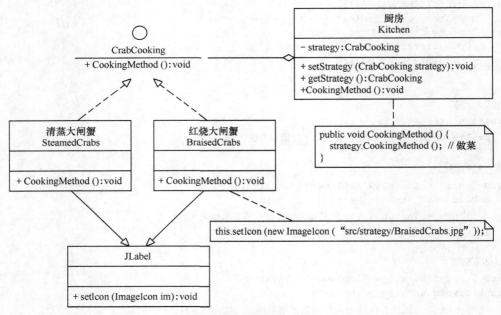

图 6.5　大闸蟹做菜策略的结构图

程序代码如下：

```
package strategy;
import java.awt.*;
import java.awt.event.*;
import javax.swing.*;
public class CrabCookingStrategy implements ItemListener{
    private JFrame f;
```

```
        private JRadioButton qz,hs;
        private JPanel CenterJP,SouthJP;
        private Kitchen cf; //厨房
        private CrabCooking qzx,hsx; //大闸蟹加工者
        CrabCookingStrategy(){
            f=new JFrame("策略模式在大闸蟹做菜中的应用");
            f.setBounds(100, 100, 500, 400);
            f.setVisible(true);
            f.setResizable(false);
            f.setDefaultCloseOperation(JFrame.EXIT_ON_CLOSE);
            SouthJP=new JPanel();
            CenterJP=new JPanel();
            f.add("South",SouthJP);
            f.add("Center",CenterJP);
            qz=new JRadioButton("清蒸大闸蟹");
            hs=new JRadioButton("红烧大闸蟹");
            qz.addItemListener(this);
            hs.addItemListener(this);
            ButtonGroup group=new ButtonGroup();
            group.add(qz);
            group.add(hs);
            SouthJP.add(qz);
            SouthJP.add(hs);
            //------------------------------
            cf=new Kitchen(); //厨房
            qzx=new SteamedCrabs(); //清蒸大闸蟹类
            hsx=new BraisedCrabs(); //红烧大闸蟹类
        }
        public void itemStateChanged(ItemEvent e) {
            JRadioButton jc=(JRadioButton) e.getSource();
            if(jc==qz){
                cf.setStrategy(qzx);
                cf.CookingMethod(); //清蒸
            }else if(jc==hs){
                cf.setStrategy(hsx);
                cf.CookingMethod(); //红烧
            }
            CenterJP.removeAll();
            CenterJP.repaint();
            CenterJP.add((Component)cf.getStrategy());
            f.setVisible(true);
        }
        public static void main(String[] args) {
            new CrabCookingStrategy();
        }
}
//抽象策略类：大闸蟹加工类
interface CrabCooking{
    public void CookingMethod();//做菜方法
}
//具体策略类：清蒸大闸蟹
class SteamedCrabs extends JLabel implements CrabCooking{
    private static final long serialVersionUID = 1L;
    public void CookingMethod() {
        this.setIcon(new ImageIcon("src/strategy/SteamedCrabs.jpg"));
```

```
        this.setHorizontalAlignment(CENTER);
    }
}
//具体策略类：红烧大闸蟹
class BraisedCrabs extends JLabel implements CrabCooking{
    private static final long serialVersionUID = 1L;
    public void CookingMethod() {
        this.setIcon(new ImageIcon("src/strategy/BraisedCrabs.jpg"));
        this.setHorizontalAlignment(CENTER);
    }
}
//环境类：厨房
class Kitchen{
    private CrabCooking strategy; //抽象策略
    public void setStrategy(CrabCooking strategy) {
        this.strategy = strategy;
    }
    public CrabCooking getStrategy() {
        return strategy;
    }
    public void CookingMethod() {
        strategy.CookingMethod(); //做菜
    }
}
```

程序运行结果如图 6.6 所示。

图 6.6　大闸蟹做菜结果

【例 6.3】　用策略模式实现从韶关去婺源旅游的出行方式。

分析：从韶关去婺源旅游有以下几种出行方式：坐火车、坐汽车和自驾车，所以该实例用策略模式比较适合，图 6.7 所示是其结构图。

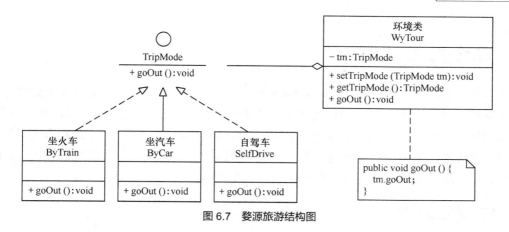

图 6.7 婺源旅游结构图

代码：略。

6.3.4 模式的应用场景

策略模式在很多地方用到，如 Java SE 中的容器布局管理就是一个典型的实例，Java SE 中的每个容器都存在多种布局供用户选择。在程序设计中，通常在以下几种情况中使用策略模式较多。

（1）一个系统需要动态地在几种算法中选择一种时，可将每个算法封装到策略类中。

（2）一个类定义了多种行为，并且这些行为在这个类的操作中以多个条件语句的形式出现，可将每个条件分支移入它们各自的策略类中以代替这些条件语句。

（3）系统中各算法彼此完全独立，且要求对客户隐藏具体算法的实现细节时。

（4）系统要求使用算法的客户不应该知道其操作的数据时，可使用策略模式来隐藏与算法相关的数据结构。

（5）多个类只区别在表现行为不同，可以使用策略模式，在运行时动态选择具体要执行的行为。

6.3.5 模式的扩展

在一个使用策略模式的系统中，当存在的策略很多时，客户端管理所有策略算法将变得很复杂，如果在环境类中使用策略工厂模式来管理这些策略类将大大减少客户端的工作复杂度，其结构图如图 6.8 所示。

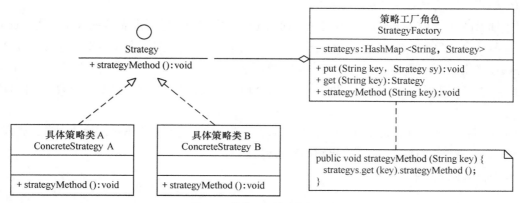

图 6.8 策略工厂模式的结构图

6.4 命令模式

在软件开发系统中，常常出现"方法的请求者"与"方法的实现者"之间存在紧密的耦合关系。这不利于软件功能的扩展与维护。例如，想对行为进行"撤销、重做、记录"等处理都很不方便，因此"如何将方法的请求者与方法的实现者解耦？"变得很重要，命令模式能很好地解决这个问题。

在现实生活中，这样的例子也很多，例如，电视机遥控器（命令发送者）通过按钮（具体命令）来遥控电视机（命令接收者），还有计算机键盘上的"功能键"等。

6.4.1 模式的定义与特点

命令（Command）模式的定义如下：将一个请求封装为一个对象，使发出请求的责任和执行请求的责任分割开。这样两者之间通过命令对象进行沟通，这样方便将命令对象进行储存、传递、调用、增加与管理。

命令模式的主要优点如下。

（1）降低系统的耦合度。命令模式能将调用操作的对象与实现该操作的对象解耦。

（2）增加或删除命令非常方便。采用命令模式增加与删除命令不会影响其他类，它满足"开闭原则"，对扩展比较灵活。

（3）可以实现宏命令。命令模式可以与组合模式结合，将多个命令装配成一个组合命令，即宏命令。

（4）方便实现 Undo 和 Redo 操作。命令模式可以与后面介绍的备忘录模式结合，实现命令的撤销与恢复。

其缺点是：可能产生大量具体命令类。因为针对每一个具体操作都需要设计一个具体命令类，这将增加系统的复杂性。

6.4.2 模式的结构与实现

可以将系统中的相关操作抽象成命令，使调用者与实现者相关分离，其结构如下。

1. 模式的结构

命令模式包含以下主要角色。

（1）抽象命令类（Command）角色：声明执行命令的接口，拥有执行命令的抽象方法 execute()。

（2）具体命令角色（Concrete Command）角色：是抽象命令类的具体实现类，它拥有接收者对象，并通过调用接收者的功能来完成命令要执行的操作。

（3）实现者/接收者（Receiver）角色：执行命令功能的相关操作，是具体命令对象业务的真正实现者。

（4）调用者/请求者（Invoker）角色：是请求的发送者，它通常拥有很多的命令对象，并通过访问命令对象来执行相关请求，它不直接访问接收者。

其结构图如图 6.9 所示。

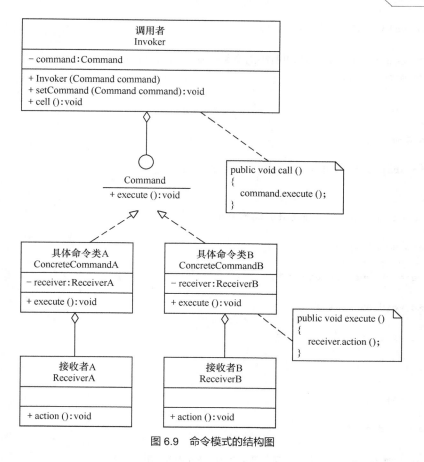

图 6.9　命令模式的结构图

2.　模式的实现

命令模式的代码如下：

```java
package command;
public class CommandPattern {
    public static void main(String[] args) {
        Command cmd=new ConcreteCommand();
        Invoker ir=new Invoker(cmd);
        System.out.println("客户访问调用者的 call()方法...");
        ir.call();
    }
}
//调用者
class Invoker
{
    private Command command;
    public Invoker(Command command)
    {
        this.command=command;
    }
    public void setCommand(Command command)
    {
        this.command=command;
    }
```

```
        public void call()
        {
            System.out.println("调用者执行命令command...");
            command.execute();
        }
    }
    //抽象命令
    interface Command
    {
        public abstract void execute();
    }
    //具体命令
    class ConcreteCommand implements Command
    {
        private Receiver receiver;
        ConcreteCommand(){
            receiver=new Receiver();
        }
        public void execute()
        {
            receiver.action();
        }
    }
    //接收者
    class Receiver
    {
        public void action()
        {
            System.out.println("接收者的action()方法被调用...");
        }
    }
```

程序的运行结果如下：

客户访问调用者的call()方法...

调用者执行命令command...

接收者的action()方法被调用...

6.4.3 模式的应用实例

【例6.4】 用命令模式实现客户去餐馆吃早餐的实例。

分析：客户去餐馆可选择的早餐有肠粉、河粉和馄饨等，客户可向服务员选择以上早餐中的若干种，服务员将客户的请求交给相关的厨师去做。这里的点早餐相当于"命令"，服务员相当于"调用者"，厨师相当于"接收者"，所以用命令模式实现比较合适。首先，定义一个早餐类（Breakfast），它是抽象命令类，有抽象方法cooking()，说明要做什么；再定义其子类肠粉类（ChangFen）、馄饨类（HunTun）和河粉类（HeFen），它们是具体命令类，实现早餐类的 cooking()方法，但它们不会具体做，而是交给具体的厨师去做；具体厨师类有肠粉厨师（ChangFenChef）、馄饨厨师（HunTunChef）和河粉厨师（HeFenChef），他们是命令的接收者，由于本实例要显示厨师做菜的效果图，所以把每个厨师类定义为JFrame的子类；最后，定义服务员类（Waiter），它接收客户的做菜请求，并发出做菜的命令。客户类是通过服务员类来点菜的，图6.10所示是其结构图。

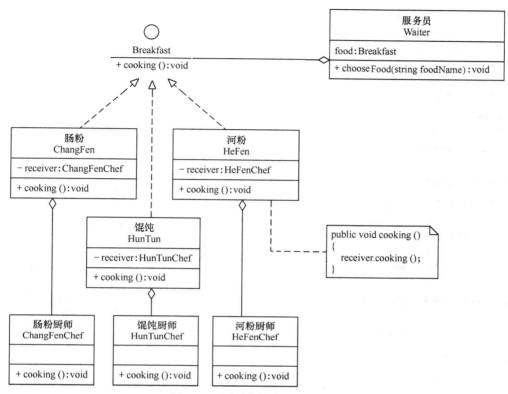

图 6.10　客户在餐馆吃早餐的结构图

程序代码如下：

```java
package command;
import javax.swing.*;
public class CookingCommand {
    public static void main(String[] args) {
        Waiter fwy=new Waiter();
        fwy.chooseFood("肠粉");
        fwy.chooseFood("河粉");
        fwy.chooseFood("馄饨");
    }
}
//调用者：服务员
class Waiter
{
    private Breakfast food;
    public void chooseFood(String foodName)
    {
        if(foodName.equalsIgnoreCase("肠粉")){
            food=new ChangFen();
        }else if(foodName.equalsIgnoreCase("馄饨")){
            food=new HunTun();
        }else if(foodName.equalsIgnoreCase("河粉")){
```

```
                food=new HeFen();
        }
        food.cooking();
    }
}
//抽象命令：早餐
interface Breakfast
{
    public abstract void cooking();
}
//具体命令：肠粉
class ChangFen implements Breakfast
{
    private ChangFenChef receiver;
    ChangFen(){
        receiver=new ChangFenChef();
    }
    public void cooking()
    {
        receiver.cooking();
    }
}
//具体命令：馄饨
class HunTun implements Breakfast
{
    private HunTunChef receiver;
    HunTun(){
        receiver=new HunTunChef();
    }
    public void cooking()
    {
        receiver.cooking();
    }
}
//具体命令：河粉
class HeFen implements Breakfast
{
    private HeFenChef receiver;
    HeFen(){
        receiver=new HeFenChef();
    }
    public void cooking()
    {
        receiver.cooking();
    }
}
//接收者：肠粉厨师
class ChangFenChef extends JFrame
```

```
{
    private static final long serialVersionUID = 1L;
    JLabel l=new JLabel();
    ChangFenChef(){
        super("煮肠粉");
        l.setIcon(new ImageIcon("src/command/ChangFen.jpg"));
        this.add(l);
        this.setLocation(30, 30);
        this.pack();
        this.setResizable(false);
        this.setDefaultCloseOperation(JFrame.EXIT_ON_CLOSE);

    }
    public void cooking()
    {
        this.setVisible(true);
    }
}
//接收者：馄饨厨师
class HunTunChef extends JFrame
{
    private static final long serialVersionUID = 1L;
    JLabel l=new JLabel();
    HunTunChef(){
        super("煮馄饨");
        l.setIcon(new ImageIcon("src/command/HunTun.jpg"));
        this.add(l);
        this.setLocation(350, 50);
        this.pack();
        this.setResizable(false);
        this.setDefaultCloseOperation(JFrame.EXIT_ON_CLOSE);

    }
    public void cooking()
    {
        this.setVisible(true);
    }
}
//接收者：河粉厨师
class HeFenChef extends JFrame
{
    private static final long serialVersionUID = 1L;
    JLabel l=new JLabel();
    HeFenChef(){
        super("煮河粉");
        l.setIcon(new ImageIcon("src/command/HeFen.jpg"));
        this.add(l);
        this.setLocation(200, 280);
```

```
        this.pack();
        this.setResizable(false);
        this.setDefaultCloseOperation(JFrame.EXIT_ON_CLOSE);

    }
    public void cooking()
    {
        this.setVisible(true);
    }
}
```

程序的运行结果如图 6.11 所示。

图 6.11　客户在餐馆吃早餐的运行结果

6.4.4　模式的应用场景

命令模式通常适用于以下场景。

（1）当系统需要将请求调用者与请求接收者解耦时，命令模式使得调用者和接收者不直接交互。

（2）当系统需要随机请求命令或经常增加或删除命令时，命令模式比较方便实现这些功能。

（3）当系统需要执行一组操作时，命令模式可以定义宏命令来实现该功能。

（4）当系统需要支持命令的撤销（Undo）操作和恢复（Redo）操作时，可以将命令对象存储起来，采用备忘录模式来实现。

6.4.5　模式的扩展

在软件开发中，有时将命令模式与前面学的组合模式联合使用，这就构成了宏命令模式，也叫组合命令模式。宏命令包含了一组命令，它充当了具体命令与调用者的双重角色，执行它时将递归调用它所包含的所有命令，其具体结构图如图 6.12 所示。

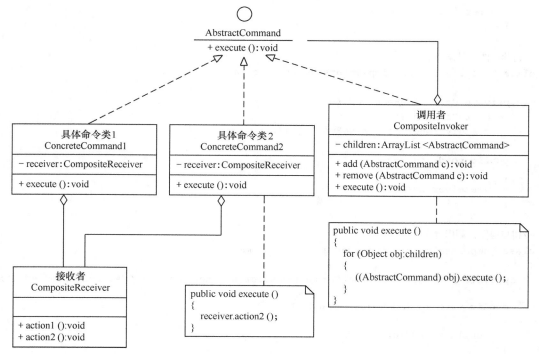

图 6.12　组合命令模式的结构图

程序代码如下：

```java
package command;
import java.util.ArrayList;
public class CompositeCommandPattern {
    public static void main(String[] args) {
        AbstractCommand cmd1=new ConcreteCommand1();
        AbstractCommand cmd2=new ConcreteCommand2();
        CompositeInvoker ir=new CompositeInvoker();
        ir.add(cmd1);
        ir.add(cmd2);
        System.out.println("客户访问调用者的 execute()方法...");
        ir.execute();
    }
}
//抽象命令
interface AbstractCommand
{
    public abstract void execute();
}
//树叶构件：具体命令 1
class ConcreteCommand1 implements AbstractCommand
{
    private CompositeReceiver receiver;
    ConcreteCommand1(){
        receiver=new CompositeReceiver();
    }
```

```java
    public void execute()
    {
        receiver.action1();
    }
}
//树叶构件：具体命令 2
class ConcreteCommand2 implements AbstractCommand
{
    private CompositeReceiver receiver;
    ConcreteCommand2(){
        receiver=new CompositeReceiver();
    }
    public void execute()
    {
        receiver.action2();
    }
}
//树枝构件：调用者
class CompositeInvoker implements AbstractCommand
{
    private ArrayList<AbstractCommand> children = new ArrayList<AbstractCommand>();

    public void add(AbstractCommand c)
    {
        children.add(c);
    }
    public void remove(AbstractCommand c)
    {
        children.remove(c);
    }
    public AbstractCommand getChild(int i)
    {
        return children.get(i);
    }
    public void execute()
    {
        for(Object obj:children)
        {
            ((AbstractCommand)obj).execute();
        }
    }
}
//接收者
class CompositeReceiver
{
    public void action1()
    {
        System.out.println("接收者的 action1()方法被调用...");
    }
    public void action2()
    {
        System.out.println("接收者的 action2()方法被调用...");
    }
}
```

程序的运行结果如下：

客户访问调用者的 execute()方法...
接收者的 action1()方法被调用...
接收者的 action2()方法被调用...

当然，命令模式还可以同备忘录（Memento）模式组合使用，这样就变成了可撤销的命令模式，这将在后面介绍。

6.5　本章小结

本章主要介绍了行为型模式的特点和分类，以及模板方法模式、策略模式、命令模式的定义、特点、结构、实现方法与扩展方向，并通过多个应用实例来说明这 3 种设计模式的应用场景和使用方法。

6.6　习题

一、单选题

1. 以下意图（　　）可用来描述命令（Command）。

　　A. 将一个请求封装为一个对象，从而使用户可用不同的请求对客户进行参数化；对请求排队或记录请求日志，以及支持可撤销的操作

　　B. 定义一系列的算法，把它们一个个封装起来，并且使它们可相互替换，本模式使得算法可独立于使用它的客户而变化

　　C. 为其他对象提供一种代理以控制对这个对象的访问

　　D. 保证一个类仅有一个实例，并提供一个访问它的全局访问点

2. 以下不属于行为型模式的是（　　）。

　　A. 命令（Command）　　　　　　　　B. 策略（Strategy）

　　C. 备忘录（Memento）　　　　　　　D. 桥接（Bridge）

3. 关于模式适用性，以下（　　）不适合使用命令（Command）模式。

　　A. 抽象出待执行的动作以参数化某对象，使用过程语言中的回调（callback）函数表达这种参数化机制

　　B. Java 语言中的 AWT 的事件处理

　　C. 在需要用比较通用和复杂的对象指针代替简单的指针的时候

　　D. 一个系统需要支持交易（Transaction），一个交易结构封装了一组数据更新命令

4. 下列模式中，属于行为模式的是（　　）。

　　A. 工厂模式　　　　B. 观察者　　　　C. 适配器　　　　D. 以上都是

5. 以下意图（　　）可用来描述模板方法（Template Method）。

　　A. 定义一个操作中的算法的骨架，而将一些步骤延迟到子类中

　　B. 为其他对象提供一种代理以控制对这个对象的访问

　　C. 将抽象部分与它的实现部分分离，使它们都可以独立变化

D. 使多个对象都有机会处理请求，从而避免请求的发送者和接收者之间的耦合关系

6. 行为类模式使用在类和对象间分派（　　　）。

    A. 接口　　　　　　　　　B. 职责　　　　　　　　C. 对象组合　　　　　D. 委托

7. 以下意图（　　　）可用来描述策略（Strategy）。

    A. 将抽象部分与它的实现部分分离，使它们都可以独立变化

    B. 将一个复杂对象的构建与它的表示分离，使得同样的构建过程可以创建不同的表示

    C. 定义一个操作中的算法的骨架，而将一些步骤延迟到子类中

    D. 定义一系列的算法，把它们一个个封装起来，并且使它们可相互替换

8. 关于模式适用性，以下（　　　）不适合使用策略（Strategy）模式。

    A. 当一个对象必须通知其他对象，而它又不能假定其他对象是谁。换言之，用户不希望这些对象是紧密耦合的

    B. 许多相关的类仅仅是行为有异。"策略"提供了一种用多个行为中的一个行为来配置一个类的方法

    C. 需要使用一个算法的不同变体。例如，用户可能会定义一些反映不同的空间/时间权衡的算法。当这些变体实现为一个算法的类层次时，可以使用策略模式

    D. 算法使用客户不应该知道的数据。可使用策略模式以避免暴露复杂的、与算法相关的数据结构

9. 关于模式适用性，以下（　　　）不适合使用模板方法（Template Method）模式。

    A. 一次性实现一个算法的不变的部分，并将可变的行为留给子类来实现

    B. 当对一个对象的改变需要同时改变其他对象，而不知道具体有多少对象有待改变

    C. 各子类中公共的行为应被提取出来并集中到一个公共父类中以避免代码重复。首先识别现有代码中的不同之处，并且将不同之处分离为新的操作。最后，用一个调用这些新的操作的模板方法来替换这些不同的代码

    D. 控制子类扩展。模板方法只在特定点调用"hook"操作，这样就只允许在这些点进行扩展

二、多选题

1. 以下属于行为对象模式的是（　　　）。

    A. 装饰（Decorator）模式　　　　　　　　B. 迭代器（Iterator）模式

    C. 命令（Command）模式　　　　　　　　D. 中介者（Mediator）模式

2. 关于模式适用性，以下（　　　）适合使用命令（Command）模式。

    A. 抽象出待执行的动作以参数化某对象，使用过程语言中的回调（Callback）函数表达这种参数化机制

    B. Java 语言中的 AWT 的事件处理

    C. 在需要用比较通用和复杂的对象指针代替简单的指针的时候

    D. 一个系统需要支持交易（Transaction），一个交易结构封装了一组数据更新命令

3. 下面（　　　）是策略（Strategy）模式的优缺点。

    A. 相关算法系列　　　　　　　　　　　　B. 一个替代继承的方法

    C. 消除了一些条件语句　　　　　　　　　D. 改变对象外壳与改变对象内核

4. 以下属于行为对象模式的是（　　　）。

A. 模板（Template Method）模式　　　B. 迭代器（Iterator）模式

C. 命令（Command）模式　　　D. 观察者（Observer）模式

三、填空题

1. 主要用于描述对类和对象怎样交互和怎样分配职责的模式是_____。

2. 如果知道算法所需的关键步骤和执行顺序，但某些步骤的具体实现还未知，这时，应该用_____模式。

3. 模板方法模式的基本方法是整个算法中的一个步骤，它包含：_____、_____和_____等几种类型。

4. 当封装不同算法并使它们可相互替换时，可以使用_____模式。

5. 在使用策略模式的系统中，当存在的策略很多时，如果在环境类中使用_____模式来管理这些策略类，将降低客户端管理的复杂度。

6. 当用不同的请求对客户进行参数化时，可以使用_____模式。

四、简答题

1. 简述行为型模式，并介绍一下 11 种行为型模式的定义。

2. 简述模板方法模式的主要优缺点和应用实例。

3. 画出策略模式的结构图，并说明其应用场景。

4. 在 Java 中找一个应用策略模式的实例。

5. 命令模式的应用环境是什么？请举出若干应用实例。

6. 命令模式可以扩展为什么模式？请画出其结构图。

五、编程题

分析图 6.13 所示的类图，完成相关要求。

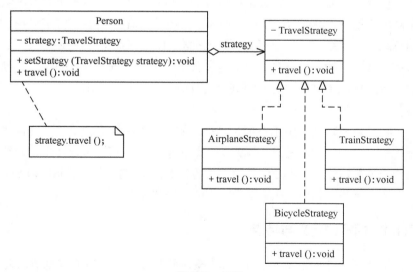

图 6.13　类图

要求：（1）说明选择了什么设计模式？

　　　　（2）写出其程序代码。

7 第7章 行为型模式（中）

📖 **本章教学目标：**
- 进一步理解行为型模式的优缺点；
- 了解职责链模式、状态模式、观察者模式、中介者模式的定义与特点；
- 掌握职责链模式、状态模式、观察者模式、中介者模式的结构与实现；
- 学会使用这 4 种设计模式开发应用程序；
- 了解这 4 种设计模式的扩展应用。

📖 **本章重点内容：**
- 职责链模式的定义、特点、结构、应用场景与使用方法；
- 状态模式的定义、特点、结构、应用场景与使用方法；
- 观察者模式的定义、特点、结构、应用场景与使用方法；
- 中介者模式的定义、特点、结构、应用场景与使用方法。

7.1 职责链模式

在现实生活中，常常会出现这样的事例：一个请求有多个对象可以处理，但每个对象的处理条件或权限不同。例如，公司员工请假，可批假的领导有部门负责人、副总经理、总经理等，但每个领导能批准的天数不同，员工必须根据自己要请假的天数去找不同的领导签名，也就是说员工必须记住每个领导的姓名、电话和地址等信息，这增加了难度。这样的例子还有很多，如找领导出差报销、生活中的"击鼓传花"游戏等。

在计算机软硬件中也有相关例子，如总线网中数据报传送，每台计算机根据目标地址是否同自己的地址相同来决定是否接收；还有异常处理中，处理程序根据异常的类型决定自己是否处理该异常；还有 Struts2 的拦截器、JSP 和 Servlet 的 Filter 等，所有这些，如果用职责链模式都能很好解决。

7.1.1 模式的定义与特点

职责链（Chain of Responsibility）模式的定义：为了避免请求发送者与多个请求处理者耦合在一起，将所有请求的处理者通过前一对象记住其下一个对象的引用而连成一条链；当有请求发生时，可将请求沿着这条链传递，直到有对象处理它为止。

154

在职责链模式中，客户只需要将请求发送到职责链上即可，无须关心请求的处理细节和请求的传递过程，所以职责链将请求的发送者和请求的处理者解耦了。

职责链模式是一种对象行为型模式，其主要优点如下。

① 降低了对象之间的耦合度。该模式使得一个对象无须知道到底是哪一个对象处理其请求以及链的结构，发送者和接收者也无须拥有对方的明确信息。

② 增强了系统的可扩展性。可以根据需要增加新的请求处理类，满足开闭原则。

③ 增强了给对象指派职责的灵活性。当工作流程发生变化，可以动态地改变链内的成员或者调动它们的次序，也可动态地新增或者删除责任。

④ 职责链简化了对象之间的连接。每个对象只需保持一个指向其后继者的引用，不需保持其他所有处理者的引用，这避免了使用众多的 if 或者 if…else 语句。

⑤ 责任分担。每个类只需要处理自己该处理的工作，不该处理的传递给下一个对象完成，明确各类的责任范围，符合类的单一职责原则。

其主要缺点如下。

① 不能保证每个请求一定被处理。由于一个请求没有明确的接收者，所以不能保证它一定会被处理，该请求可能一直传到链的末端都得不到处理。

② 对比较长的职责链，请求的处理可能涉及多个处理对象，系统性能将受到一定影响。

③ 职责链建立的合理性要靠客户端来保证，增加了客户端的复杂性，可能会由于职责链的错误设置而导致系统出错，如可能会造成循环调用。

7.1.2 模式的结构与实现

通常情况下，可以通过数据链表来实现职责链模式的数据结构。

1. 模式的结构

职责链模式主要包含以下角色。

（1）抽象处理者（Handler）角色：定义一个处理请求的接口，包含抽象处理方法和一个后继连接。

（2）具体处理者（Concrete Handler）角色：实现抽象处理者的处理方法，判断能否处理本次请求，如果可以处理请求则处理，否则将该请求转给它的后继者。

（3）客户类（Client）角色：创建处理链，并向链头的具体处理者对象提交请求，它不关心处理细节和请求的传递过程。

其结构图如图 7.1 所示。客户端可按图 7.2 所示设置职责链。

2. 模式的实现

职责链模式的实现代码如下：

```java
package chainOfResponsibility;
public class ChainOfResponsibilityPattern {
    public static void main(String[] args) {
        //组装责任链
        Handler handler1 = new ConcreteHandler1();
```

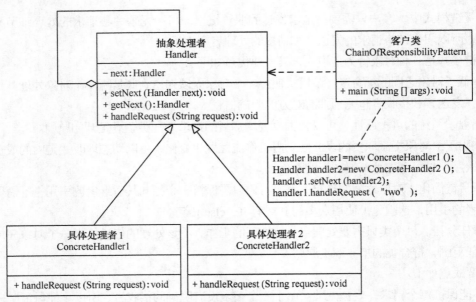

图 7.1　职责链模式的结构图

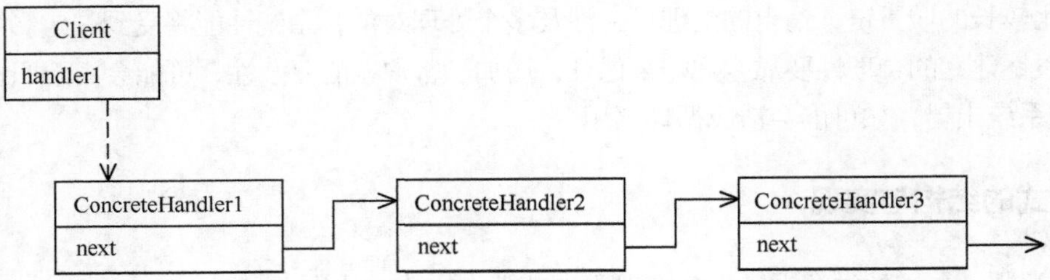

图 7.2　职责链

```
        Handler handler2 = new ConcreteHandler2();
        handler1.setNext(handler2);
        //提交请求
        handler1.handleRequest("two");
    }
}
//抽象处理者角色
abstract class Handler{
    private Handler next;
    public void setNext(Handler next){
        this.next = next;
    }
    public Handler getNext(){
        return next;
    }
    //处理请求的方法
    public abstract void handleRequest(String request);
}
//具体处理者角色 1
class ConcreteHandler1 extends Handler {
```

```
    public void handleRequest(String request){
        if(request.equals("one"))
        {
            System.out.println("具体处理者 1 负责处理该请求！");
        }else{
            if(getNext() != null)
            {
                getNext().handleRequest(request);
            }else{
                System.out.println("没有人处理该请求！");
            }
        }
    }
}
//具体处理者角色 2
class ConcreteHandler2 extends Handler {
    public void handleRequest(String request){
        if(request.equals("two"))
        {
            System.out.println("具体处理者 2 负责处理该请求！");
        }else{
            if(getNext() != null)
            {
                getNext().handleRequest(request);
            }else{
                System.out.println("没有人处理该请求！");
            }
        }
    }
}
```

程序运行结果如下：

具体处理者 2 负责处理该请求！

7.1.3 模式的应用实例

【例 7.1】 用职责链模式设计一个请假条审批模块。

分析：假如规定学生请假小于或等于 2 天，班主任可以批准；小于或等于 7 天，系主任可以批准；小于或等于 10 天，院长可以批准；其他情况不予批准；这个实例适合使用职责链模式实现。

首先，定义一个领导类（Leader），它是抽象处理者，包含了一个指向下一位领导的指针 next 和一个处理假条的抽象处理方法 handleRequest(int LeaveDays)；然后，定义班主任类（ClassAdviser）、系主任类（DepartmentHead）和院长类（Dean），它们是抽象处理者的子类，是具体处理者，必须根据自己的权力去实现父类的 handleRequest(int LeaveDays)方法，如果无权处理就将假条交给下一位具体处理者，直到最后；客户类负责创建处理链，并将假条交给链头的具体处理者（班主任）。图 7.3 所示是其结构图。

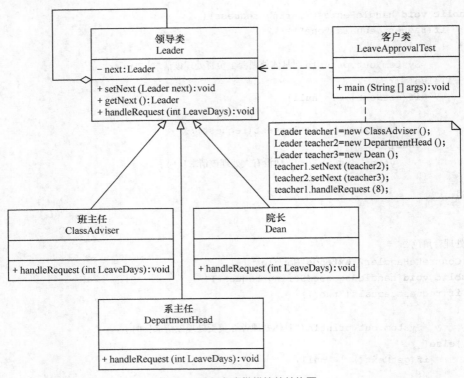

图 7.3　请假条审批模块的结构图

程序代码如下：

```java
package chainOfResponsibility;
public class LeaveApprovalTest {
    public static void main(String[] args) {
        //组装责任链
        Leader teacher1 = new ClassAdviser();   //班主任
        Leader teacher2 = new DepartmentHead(); //系主任
        Leader teacher3 = new Dean();   //院长
        teacher1.setNext(teacher2);
        teacher2.setNext(teacher3);
        //提交请求
        teacher1.handleRequest(8);
    }
}
//抽象处理者：领导类
abstract class Leader{
    private Leader next;
    public void setNext(Leader next){
        this.next = next;
    }
    public Leader getNext(){
        return next;
    }
    //处理请求的方法
    public abstract void handleRequest(int LeaveDays);
}
```

```
//具体处理者 1：班主任类
class ClassAdviser extends Leader {
    public void handleRequest(int LeaveDays){
    if(LeaveDays<=2)
      {
            System.out.println("班主任批准您请假" + LeaveDays + "天。");
      }else{
            if(getNext() != null)
            {
                getNext().handleRequest(LeaveDays);
            }else{
                System.out.println("请假天数太多，没有人批准该假条！");
            }
        }
    }
}
//具体处理者 2：系主任类
class DepartmentHead extends Leader {
    public void handleRequest(int LeaveDays){
        if(LeaveDays<=7)
        {
            System.out.println("系主任批准您请假" + LeaveDays + "天。");
        }else{
            if(getNext() != null)
            {
                getNext().handleRequest(LeaveDays);
            }else{
                System.out.println("请假天数太多，没有人批准该假条！");
            }
        }
    }
}
//具体处理者 3：院长类
class Dean extends Leader {
    public void handleRequest(int LeaveDays){
     if(LeaveDays<=10)
     {
            System.out.println("院长批准您请假" + LeaveDays + "天。");
     }else{
            if(getNext() != null)
            {
                getNext().handleRequest(LeaveDays);
            }else{
                System.out.println("请假天数太多，没有人批准该假条！");
            }
        }
    }
}
```

程序运行结果如下：

院长批准您请假 8 天。

假如增加一个教务处长类，可以批准学生请假 20 天，也非常简单，代码如下：

```
//具体处理者 4：教务处长类
class DeanOfStudies extends Leader {
```

```
    public void handleRequest(int LeaveDays){
     if(LeaveDays<=20)
     {
        System.out.println("教务处长批准您请假" + LeaveDays + "天。");
     }else{
        if(getNext() != null)
        {
           getNext().handleRequest(LeaveDays);
        }else{
           System.out.println("请假天数太多，没有人批准该假条！");
        }
     }
    }
}
```

7.1.4　模式的应用场景

前边已经讲述了关于职责链模式的结构与特点，下面介绍其应用场景，职责链模式通常在以下几种情况使用。

（1）有多个对象可以处理一个请求，哪个对象处理该请求由运行时刻自动确定。

（2）可动态指定一组对象处理请求，或添加新的处理者。

（3）在不明确指定请求处理者的情况下，向多个处理者中的一个提交请求。

7.1.5　模式的扩展

职责链模式存在以下两种情况。

（1）纯的职责链模式：一个请求必须被某一个处理者对象所接收，且一个具体处理者对某个请求的处理只能采用以下两种行为之一：自己处理（承担责任）；把责任推给下家处理。

（2）不纯的职责链模式：允许出现某一个具体处理者对象在承担了请求的一部分责任后又将剩余的责任传给下家的情况，且一个请求可以最终不被任何接收端对象所接收。

7.2　状态模式

在软件开发过程中，应用程序中的有些对象可能会根据不同的情况做出不同的行为，我们把这种对象称为有状态的对象，而把影响对象行为的一个或多个动态变化的属性称为状态。当有状态的对象与外部事件产生互动时，其内部状态会发生改变，从而使得其行为也随之发生改变。如人的情绪有高兴的时候和伤心的时候，不同的情绪有不同的行为，当然外界也会影响其情绪变化。

对这种有状态的对象编程，传统的解决方案是：将这些所有可能发生的情况全都考虑到，然后使用 if…else 语句来做状态判断，再进行不同情况的处理。但当对象的状态很多时，程序会变得很复杂。而且增加新的状态要添加新的 if…else 语句，这违背了"开闭原则"，不利于程序的扩展。

以上问题如果采用"状态模式"就能很好地得到解决。状态模式的解决思想是：当控制一个对象状态转换的条件表达式过于复杂时，把相关"判断逻辑"提取出来，放到一系列的状态类当中，这样可以把原来复杂的逻辑判断简单化。

7.2.1　模式的定义与特点

状态（State）模式的定义：对有状态的对象，把复杂的"判断逻辑"提取到不同的状态对象中，允许状态对象在其内部状态发生改变时改变其行为。

状态模式是一种对象行为型模式，其主要优点如下。

① 状态模式将与特定状态相关的行为局部化到一个状态中，并且将不同状态的行为分割开来，满足"单一职责原则"。

② 减少对象间的相互依赖。将不同的状态引入独立的对象中会使得状态转换变得更加明确，且减少对象间的相互依赖。

③ 有利于程序的扩展。通过定义新的子类很容易地增加新的状态和转换。

状态模式的主要缺点如下。

① 状态模式的使用必然会增加系统的类与对象的个数。

② 状态模式的结构与实现都较为复杂，如果使用不当会导致程序结构和代码的混乱。

7.2.2　模式的结构与实现

状态模式把受环境改变的对象行为包装在不同的状态对象里，其意图是让一个对象在其内部状态改变的时候，其行为也随之改变。现在我们来分析其基本结构和实现方法。

1. 模式的结构

状态模式包含以下主要角色。

（1）环境（Context）角色：也称为上下文，它定义了客户感兴趣的接口，维护一个当前状态，并将与状态相关的操作委托给当前状态对象来处理。

（2）抽象状态（State）角色：定义一个接口，用以封装环境对象中的特定状态所对应的行为。

（3）具体状态（Concrete State）角色：实现抽象状态所对应的行为。

其结构图如图 7.4 所示。

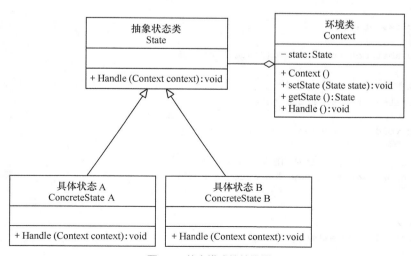

图 7.4　状态模式的结构图

2. 模式的实现

状态模式的实现代码如下：

```java
package state;
public class StatePatternClient {
    public static void main(String[] args) {
        Context context = new Context(); //创建环境
        context.Handle(); //处理请求
        context.Handle();
        context.Handle();
        context.Handle();
    }
}
//环境类
class Context
{
    private State state;
    //定义环境类的初始状态
    public Context()
    {
        this.state = ConcreteStateA();
    }
    //设置新状态
    public void setState(State state) {
        this.state = state;
    }
    //读取状态
    public State getState() {
        return(state);
    }
    //对请求做处理
    public void Handle()
    {
        state.Handle(this);
    }
}
//抽象状态类
abstract class State
{
    public abstract void Handle(Context context);
}
//具体状态 A 类
class ConcreteStateA extends State
{
    public void Handle(Context context)
    {
        System.out.println("当前状态是 A. ");
        context.setState(new ConcreteStateB());
    }
}
//具体状态 B 类
class ConcreteStateB extends State
{
    public void Handle(Context context)
```

```
    {
        System.out.println("当前状态是 B. ");
        context.setState(new ConcreteStateA());
    }
}
```

程序运行结果如下：

当前状态是 A.
当前状态是 B.
当前状态是 A.
当前状态是 B.

7.2.3 模式的应用实例

【例 7.2】 用"状态模式"设计一个学生成绩的状态转换程序。

分析：本实例包含了"不及格""中等"和"优秀"3 种状态，当学生的分数小于 60 分时为"不及格"状态，当分数大于等于 60 分且小于 90 分时为"中等"状态，当分数大于等于 90 分时为"优秀"状态，我们用状态模式来实现这个程序。

首先，定义一个抽象状态类（AbstractState），其中包含了环境属性、状态名属性和当前分数属性，以及加减分方法 addScore(int x)和检查当前状态的抽象方法 checkState()；然后，定义"不及格"状态类 LowState、"中等"状态类 MiddleState 和"优秀"状态类 HighState，它们是具体状态类，实现 checkState()方法，负责检查自己的状态，并根据情况转换；最后，定义环境类（ScoreContext），其中包含了当前状态对象和加减分的方法 add(int score)，客户类通过该方法来改变成绩状态。图 7.5 所示是其结构图。

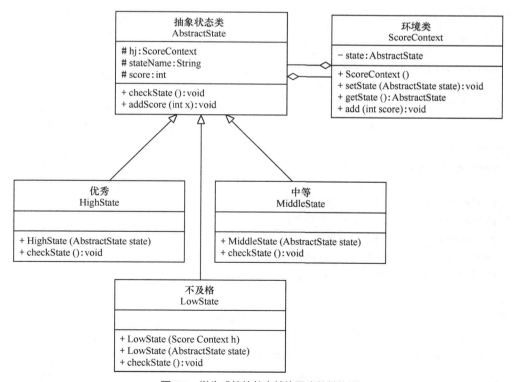

图 7.5 学生成绩的状态转换程序的结构图

程序代码如下：

```java
package state;
public class ScoreStateTest {
    public static void main(String[] args) {
        ScoreContext account=new ScoreContext();
        System.out.println("学生成绩状态测试: ");
        account.add(30);
        account.add(40);
        account.add(25);
        account.add(-15);
        account.add(-25);
    }
}
//环境类
class ScoreContext
{
    private AbstractState state;
    ScoreContext()
    {
        state=new LowState(this);
    }
    public void setState(AbstractState state)
    {
        this.state=state;
    }
    public AbstractState getState()
    {
        return state;
    }
    public void add(int score)
    {
        state.addScore(score);
    }
}
//抽象状态类
abstract class AbstractState
{
    protected ScoreContext hj;    //环境
    protected String stateName;   //状态名
    protected int score;          //分数
    public abstract void checkState(); //检查当前状态
    public void addScore(int x)
    {
        score+=x;
        System.out.print("加上:  "+x+"分, \t 当前分数: "+score );
        checkState();
        System.out.println("分, \t 当前状态: "+hj.getState().stateName);
    }
}
```

```
//具体状态类：不及格
class LowState extends AbstractState
{
    public LowState(ScoreContext h)
    {
        hj=h;
        stateName="不及格";
        score=0;
    }
    public LowState(AbstractState state)
    {
        hj=state.hj;
        stateName="不及格";
        score=state.score;
    }
    public void checkState()
    {
        if(score>=90)
        {
            hj.setState(new HighState(this));
        }
        else if(score>=60)
        {
            hj.setState(new MiddleState(this));
        }
    }
}
//具体状态类：中等
class MiddleState extends AbstractState
{
    public MiddleState(AbstractState state)
    {
        hj=state.hj;
        stateName="中等";
        score=state.score;
    }
    public void checkState()
    {
        if(score<60)
        {
            hj.setState(new LowState(this));
        }
        else if(score>=90)
        {
            hj.setState(new HighState(this));
        }
    }
}
//具体状态类：优秀
class HighState extends AbstractState
```

```
{
    public HighState(AbstractState state)
    {
        hj=state.hj;
        stateName="优秀";
        score=state.score;
    }
    public void checkState()
    {
        if(score<60)
        {
            hj.setState(new LowState(this));
        }
        else if(score<90)
        {
            hj.setState(new MiddleState(this));
        }
    }
}
```

程序运行结果如下：

学生成绩状态测试：

加上：30 分，	当前分数：30 分，	当前状态：不及格
加上：40 分，	当前分数：70 分，	当前状态：中等
加上：25 分，	当前分数：95 分，	当前状态：优秀
加上：-15 分，	当前分数：80 分，	当前状态：中等
加上：-25 分，	当前分数：55 分，	当前状态：不及格

【例 7.3】 用"状态模式"设计一个多线程的状态转换程序。

分析：多线程存在 5 种状态，分别为新建状态、就绪状态、运行状态、阻塞状态和死亡状态，各个状态当遇到相关方法调用或事件触发时会转换到其他状态，其状态转换规律如图 7.6 所示。

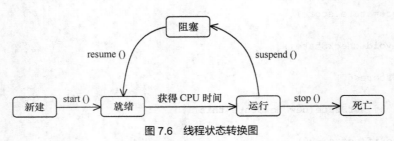

图 7.6　线程状态转换图

现在先定义一个抽象状态类（TheadState），然后为图 7.6 所示的每个状态设计一个具体状态类，它们是新建状态（New）、就绪状态（Runnable）、运行状态（Running）、阻塞状态（Blocked）和死亡状态（Dead），每个状态中有触发它们转变状态的方法，环境类（ThreadContext）中先生成一个初始状态（New），并提供相关触发方法，图 7.7 所示是线程状态转换程序的结构图。

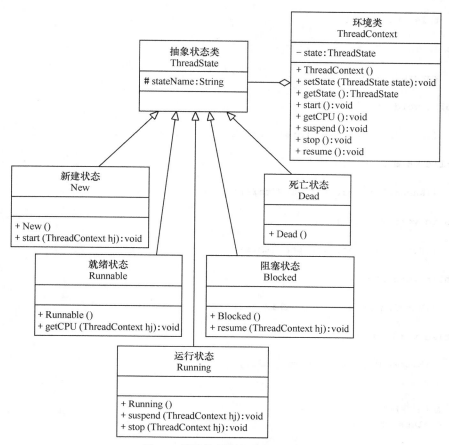

图 7.7　线程状态转换程序的结构图

程序代码如下：

```
package state;
public class ThreadStateTest {
    public static void main(String[] args) {
        ThreadContext context=new ThreadContext();
        context.start();
        context.getCPU();
        context.suspend();
        context.resume();
        context.getCPU();
        context.stop();
    }
}
//环境类
class ThreadContext
{
    private ThreadState state;
    ThreadContext()
    {
        state=new New();
    }
    public void setState(ThreadState state)
    {
```

```
            this.state=state;
        }
        public ThreadState getState()
        {
            return state;
        }
        public void start()
        {
            ((New) state).start(this);
        }
        public void getCPU()
        {
            ((Runnable) state).getCPU(this);
        }
        public void suspend()
        {
            ((Running) state).suspend(this);
        }
        public void stop()
        {
            ((Running) state).stop(this);
        }
        public void resume()
        {
            ((Blocked) state).resume(this);
        }
    }
    //抽象状态类：线程状态
    abstract class ThreadState
    {
        protected String stateName;   //状态名
    }
    //具体状态类：新建状态
    class New extends ThreadState
    {
        public New()
        {
            stateName="新建状态";
            System.out.println("当前线程处于：新建状态.");
        }
        public void start(ThreadContext hj)
        {
            System.out.print("调用 start()方法-->");
            if(stateName.equals("新建状态"))
            {
                hj.setState(new Runnable());
            }
            else
            {
                System.out.println("当前线程不是新建状态，不能调用 start()方法.");
            }
        }
    }
    //具体状态类：就绪状态
```

```
class Runnable extends ThreadState
{
    public Runnable()
    {
        stateName="就绪状态";
        System.out.println("当前线程处于：就绪状态.");
    }
    public void getCPU(ThreadContext hj)
    {
        System.out.print("获得 CPU 时间-->");
        if(stateName.equals("就绪状态"))
        {
            hj.setState(new Running());
        }
        else
        {
            System.out.println("当前线程不是就绪状态，不能获取 CPU.");
        }
    }
}
//具体状态类：运行状态
class Running extends ThreadState
{
    public Running()
    {
        stateName="运行状态";
        System.out.println("当前线程处于：运行状态.");
    }
    public void suspend(ThreadContext hj)
    {
        System.out.print("调用 suspend()方法-->");
        if(stateName.equals("运行状态"))
        {
            hj.setState(new Blocked());
        }
        else
        {
            System.out.println("当前线程不是运行状态，不能调用 suspend()方法.");
        }
    }
    public void stop(ThreadContext hj)
    {
        System.out.print("调用 stop()方法-->");
        if(stateName.equals("运行状态"))
        {
            hj.setState(new Dead());
        }
        else
        {
            System.out.println("当前线程不是运行状态，不能调用 stop()方法.");
        }
    }
}
//具体状态类：阻塞状态
```

```
class Blocked extends ThreadState
{
    public Blocked()
    {
        stateName="阻塞状态";
        System.out.println("当前线程处于：阻塞状态.");
    }
    public void resume(ThreadContext hj)
    {
        System.out.print("调用 resume()方法-->");
        if(stateName.equals("阻塞状态"))
        {
            hj.setState(new Runnable());
        }
        else
        {
            System.out.println("当前线程不是阻塞状态，不能调用 resume()方法.");
        }
    }
}
//具体状态类：死亡状态
class Dead extends ThreadState
{
    public Dead()
    {
        stateName="死亡状态";
        System.out.println("当前线程处于：死亡状态.");
    }
}
```

程序运行结果如下：

当前线程处于：新建状态.

调用 start()方法-->当前线程处于：就绪状态.

获得 CPU 时间-->当前线程处于：运行状态.

调用 suspend()方法-->当前线程处于：阻塞状态.

调用 resume()方法-->当前线程处于：就绪状态.

获得 CPU 时间-->当前线程处于：运行状态.

调用 stop()方法-->当前线程处于：死亡状态.

7.2.4　模式的应用场景

通常在以下情况下可以考虑使用状态模式。

（1）当一个对象的行为取决于它的状态，并且它必须在运行时根据状态改变它的行为时，就可以考虑使用状态模式。

（2）一个操作中含有庞大的分支结构，并且这些分支决定于对象的状态时。

7.2.5　模式的扩展

在有些情况下，可能有多个环境对象需要共享一组状态，这时需要引入享元模式，将这些具体状态对象放在集合中供程序共享，其结构图如图 7.8 所示。

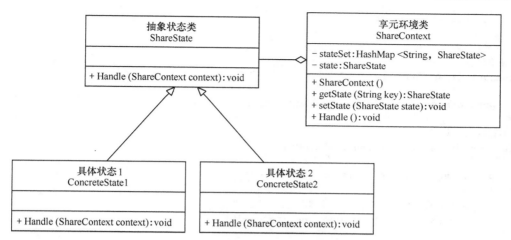

图 7.8　共享状态模式的结构图

分析：共享状态模式的不同之处是在环境类中增加了一个 HashMap 来保存相关状态，当需要某种状态时可以从中获取，其程序代码如下：

```java
package state;
import java.util.HashMap;
public class FlyweightStatePattern {
    public static void main(String[] args) {
        ShareContext context = new ShareContext(); //创建环境
        context.Handle(); //处理请求
        context.Handle();
        context.Handle();
        context.Handle();
    }
}
//环境类
class ShareContext
{
    private ShareState state;
    private HashMap<String, ShareState> stateSet = new HashMap<String, ShareState>();
    public ShareContext()
    {
        state = new ConcreteState1();
        stateSet.put("1", state);
        state = new ConcreteState2();
        stateSet.put("2", state);
        state = getState("1");
    }
    //设置新状态
    public void setState(ShareState state) {
        this.state = state;
    }
    //读取状态
    public ShareState getState(String key) {
        ShareState s = (ShareState)stateSet.get(key);
        return s;
    }
    //对请求做处理
    public void Handle()
    {
```

```
            state.Handle(this);
        }
}
//抽象状态类
abstract class ShareState
{
    public abstract void Handle(ShareContext context);
}
//具体状态1类
class ConcreteState1 extends ShareState
{
    public void Handle(ShareContext context)
    {
        System.out.println("当前状态是：状态1");
        context.setState(context.getState("2"));
    }
}
//具体状态2类
class ConcreteState2 extends ShareState
{
    public void Handle(ShareContext context)
    {
        System.out.println("当前状态是：状态2");
        context.setState(context.getState("1"));
    }
}
```

程序运行结果如下：

当前状态是：状态1

当前状态是：状态2

当前状态是：状态1

当前状态是：状态2

7.3 观察者模式

在现实世界中，许多对象并不是独立存在的，其中一个对象的行为发生改变可能会导致一个或者多个其他对象的行为也发生改变。例如，某种商品的物价上涨时会导致部分商家高兴，而消费者伤心；还有，当我们开车到交叉路口时，遇到红灯会停，遇到绿灯会行。这样的例子还有很多，例如，股票价格与股民、微信公众号与微信用户、气象局的天气预报与听众、小偷与警察等。在软件世界也是这样，例如，Excel 中的数据与折线图、饼状图、柱状图之间的关系；MVC 模式中的模型与视图的关系；事件模型中的事件源与事件处理者。所有这些，如果用观察者模式来实现就非常方便。

7.3.1 模式的定义与特点

观察者（Observer）模式的定义：指多个对象间存在一对多的依赖关系，当一个对象的状态发生改变时，所有依赖于它的对象都得到通知并被自动更新。这种模式有时又称作发布-订阅模式、模型-视图模式，它是对象行为型模式。

观察者模式是一种对象行为型模式，其主要优点如下。

① 降低了目标与观察者之间的耦合关系，两者之间是抽象耦合关系。

② 目标与观察者之间建立了一套触发机制。

它的主要缺点如下。

① 目标与观察者之间的依赖关系并没有完全解除，而且有可能出现循环引用。

② 当观察者对象很多时，通知的发布会花费很多时间，影响程序的效率。

7.3.2　模式的结构与实现

实现观察者模式时要注意具体目标对象和具体观察者对象之间不能直接调用，否则将使两者之间紧密耦合起来，这违反了面向对象的设计原则。

1．模式的结构

观察者模式的主要角色如下。

（1）抽象主题（Subject）角色：也叫抽象目标类，它提供了一个用于保存观察者对象的聚集类和增加、删除观察者对象的方法，以及通知所有观察者的抽象方法。

（2）具体主题（Concrete Subject）角色：也叫具体目标类，它实现抽象目标中的通知方法，当具体主题的内部状态发生改变时，通知所有注册过的观察者对象。

（3）抽象观察者（Observer）角色：它是一个抽象类或接口，它包含了一个更新自己的抽象方法，当接到具体主题的更改通知时被调用。

（4）具体观察者（Concrete Observer）角色：实现抽象观察者中定义的抽象方法，以便在得到目标的更改通知时更新自身的状态。

观察者模式的结构图如图 7.9 所示。

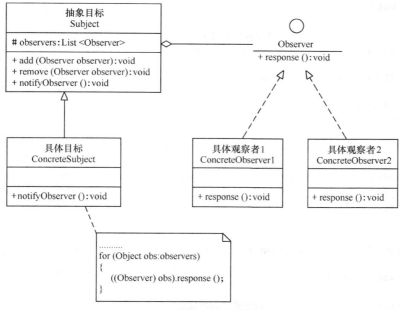

图 7.9　观察者模式的结构图

2．模式的实现

观察者模式的实现代码如下：

```java
package observer;
import java.util.*;
public class ObserverPattern {
    public static void main(String[] args) {
        Subject subject=new ConcreteSubject();
        Observer obs1=new ConcreteObserver1();
        Observer obs2=new ConcreteObserver2();
        subject.add(obs1);
        subject.add(obs2);
        subject.notifyObserver();
    }
}
//抽象目标
abstract class Subject
{
    protected List<Observer> observers = new ArrayList<Observer>();
    //增加观察者方法
    public void add(Observer observer)
    {
        observers.add(observer);
    }
    //删除观察者方法
    public void remove(Observer observer)
    {
        observers.remove(observer);
    }
    public abstract void notifyObserver();  //通知观察者方法
}
//具体目标
class ConcreteSubject extends Subject
{
    public void notifyObserver()
    {
        System.out.println("具体目标发生改变...");
        System.out.println("--------------");

        for(Object obs:observers)
        {
            ((Observer)obs).response();
        }
    }
}
//抽象观察者
interface Observer
{
    void response();  //反应
}
//具体观察者1
class ConcreteObserver1 implements Observer
{
    public void response()
    {
        System.out.println("具体观察者1做出反应！");
    }
}
//具体观察者1
class ConcreteObserver2 implements Observer
```

```
{
    public void response()
    {
        System.out.println("具体观察者 2 做出反应！");
    }
}
```

程序运行结果如下：

具体目标发生改变...

具体观察者 1 做出反应！

具体观察者 2 做出反应！

7.3.3　模式的应用实例

【例 7.4】　利用观察者模式设计一个程序，分析"人民币汇率"的升值或贬值对进口公司的进口产品成本或出口公司的出口产品收入以及公司的利润率的影响。

分析：当"人民币汇率"升值时，进口公司的进口产品成本降低且利润率提升，出口公司的出口产品收入降低且利润率降低；当"人民币汇率"贬值时，进口公司的进口产品成本提升且利润率降低，出口公司的出口产品收入提升且利润率提升。

这里的汇率（Rate）类是抽象目标类，它包含了保存观察者（Company）的 List 和增加/删除观察者的方法，以及有关汇率改变的抽象方法 change(int number)；而人民币汇率（RMBrate）类是具体目标，它实现了父类的 change(int number)方法，即当人民币汇率发生改变时通过相关公司；公司（Company）类是抽象观察者，它定义了一个有关汇率反应的抽象方法 response(int number)；进口公司（ImportCompany）类和出口公司（ExportCompany）类是具体观察者类，它们实现了父类的 response(int number)方法，即当它们接收到汇率发生改变的通知时作为相应的反应。图 7.10 所示是其结构图。

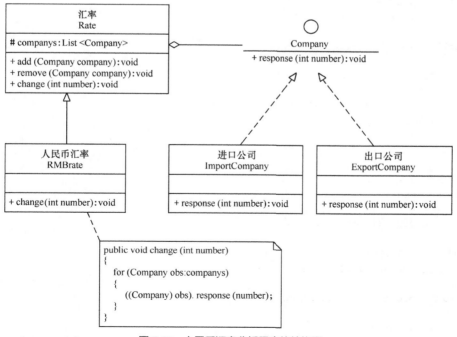

图 7.10　人民币汇率分析程序的结构图

程序代码如下：

```java
package observer;
import java.util.*;
public class RMBrateTest {
    public static void main(String[] args) {
        Rate rate = new RMBrate();
        Company watcher1 = new ImportCompany();
        Company watcher2 = new ExportCompany();
        rate.add(watcher1);
        rate.add(watcher2);
        rate.change(10);
        rate.change(-9);
    }
}
//抽象目标：汇率
abstract class Rate
{
    protected List<Company> companys = new ArrayList<Company>();
    //增加观察者方法
    public void add(Company company)
    {
        companys.add(company);
    }
    //删除观察者方法
    public void remove(Company company)
    {
        companys.remove(company);
    }
    public abstract void change(int number);
}
//具体目标：人民币汇率
class RMBrate extends Rate
{
    public void change(int number)
    {
        for(Company obs:companys)
        {
            ((Company)obs).response(number);
        }
    }
}
//抽象观察者：公司
interface Company
{
    void response(int number);
}
//具体观察者1：进口公司
class ImportCompany implements Company
{
    public void response(int number)
    {
        if(number > 0){
            System.out.println("人民币汇率升值"+number+"个基点，降低了进口产品成本，提升了进口
```

```
公司利润率。"）;
        }else if(number < 0){
            System.out.println("人民币汇率贬值"+(-number)+"个基点, 提升了进口产品成本, 降低了进
口公司利润率。"）;
        }
    }
}
//具体观察者 2: 出口公司
class ExportCompany implements Company
{
    public void response(int number)
    {
        if(number > 0){
            System.out.println("人民币汇率升值"+number+"个基点, 降低了出口产品收入, 降低了出口
公司的销售利润率。"）;
        }else if(number < 0){
            System.out.println("人民币汇率贬值"+(-number)+"个基点, 提升了出口产品收入, 提升了出
口公司的销售利润率。"）;
        }
    }
}
```

程序运行结果如下：

人民币汇率升值 10 个基点, 降低了进口产品成本, 提升了进口公司利润率。

人民币汇率升值 10 个基点, 降低了出口产品收入, 降低了出口公司的销售利润率。

人民币汇率贬值 9 个基点, 提升了进口产品成本, 降低了进口公司利润率。

人民币汇率贬值 9 个基点, 提升了出口产品收入, 提升了出口公司的销售利润率。

　　观察者模式在软件开发中用得最多的是窗体程序设计中的事件处理，窗体中的所有组件都是“事件源”，也就是目标对象，而事件处理程序类的对象是具体观察者对象。下面以一个学校铃声的事件处理程序为例，介绍 Windows 中的“事件处理模型”的工作原理。

　　【例 7.5】　利用观察者模式设计一个学校铃声的事件处理程序。

　　分析：在本实例中，学校的“铃”是事件源和目标，“老师”和“学生”是事件监听器和具体观察者，“铃声”是事件类。学生和老师来到学校的教学区，都会注意学校的铃，这叫事件绑定；当上课时间或下课时间到，会触发铃发声，这时会生成“铃声”事件；学生和老师听到铃声会开始上课或下课，这叫事件处理。这个实例非常适合用观察者模式实现，图 7.11 给出了学校铃声的事件模型。

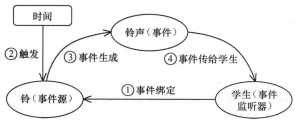

图 7.11　学校铃声的事件模型图

　　现在用“观察者模式”来实现该事件处理模型。首先，定义一个铃声事件（RingEvent）类，它记录了铃声的类型（上课铃声/下课铃声）；再定义一个学校的铃（BellEventSource）类，它是事件

源，是观察者目标类，该类里面包含了监听器容器 listener，可以绑定监听者（学生或老师），并且有产生铃声事件和通知所有监听者的方法；然后，定义一个铃声事件监听者（BellEventListener）类，它是抽象观察者，它包含了铃声事件处理方法 heardBell(RingEvent e)；最后，定义老师类（TeachEventListener）和学生类（StuEventListener），它们是事件监听器，是具体观察者，听到铃声会去上课或下课。图 7.12 给出了学校铃声事件处理程序的结构。

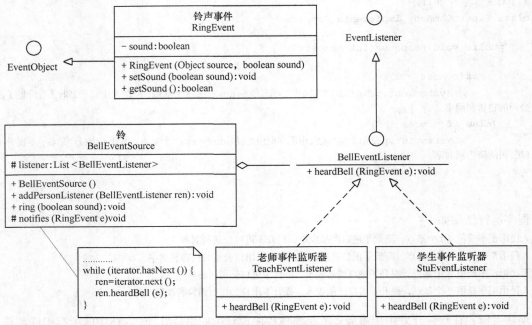

图 7.12　学校铃声事件处理程序的结构图

程序代码如下：

```java
package observer;
import java.util.*;
public class BellEventTest {
    public static void main(String[] args) {
        BellEventSource bell = new BellEventSource();//铃（事件源）
        bell.addPersonListener(new TeachEventListener()); //注册监听器（老师）
        bell.addPersonListener(new StuEventListener()); //注册监听器（学生）
        bell.ring(true);    //打上课铃声
        System.out.println("------------");
        bell.ring(false);   //打下课铃声
    }
}
//铃声事件类：用于封装事件源及一些与事件相关的参数
class RingEvent extends EventObject{
    private static final long serialVersionUID = 1L;
    private boolean sound; //true 表示上课铃声,false 表示下课铃声
    public RingEvent(Object source,boolean sound) {
        super(source);
        this.sound = sound;
    }
    public void setSound(boolean sound) {
```

```
            this.sound = sound;
        }
        public boolean getSound() {
            return this.sound;
        }
    }
//目标类：事件源，铃
class BellEventSource {
    private List<BellEventListener> listener;  //监听器容器
    public BellEventSource(){
        listener = new ArrayList<BellEventListener>();
    }
    //给事件源绑定监听器
    public void addPersonListener(BellEventListener ren){
        listener.add(ren);
    }
    //事件触发器：敲钟，当铃声 sound 的值发生变化时，触发事件
    public void ring(boolean sound) {
        String type=sound?"上课铃":"下课铃";
        System.out.println(type+"响！");
        RingEvent event = new RingEvent(this, sound);
        notifies(event);//通知注册在该事件源上的所有监听器
    }
    //当事件发生时,通知绑定在该事件源上的所有监听器做出反应（调用事件处理方法）
    protected void notifies(RingEvent e){
        BellEventListener ren = null;
        Iterator<BellEventListener> Iterator = listener.Iterator();
        while(Iterator.hasNext()){
            ren = Iterator.next();
            ren.heardBell(e);
        }
    }
}
//抽象观察者类：铃声事件监听器
interface BellEventListener extends EventListener {
    //事件处理方法，听到铃声
    public void heardBell(RingEvent e);
}
//具体观察者类：老师事件监听器
class TeachEventListener implements BellEventListener {
    public void heardBell(RingEvent e){
        if(e.getSound()){
            System.out.println("老师上课了...");
        }else{
            System.out.println("老师下课了...");
        }
    }
}
//具体观察者类：学生事件监听器
class StuEventListener implements BellEventListener {
    public void heardBell(RingEvent e){
        if(e.getSound()){
```

```
              System.out.println("同学们，上课了...");
         }else{
              System.out.println("同学们，下课了...");
         }
    }
}
```

程序运行结果如下：

上课铃响！

老师上课了...

同学们，上课了...

下课铃响！

老师下课了...

同学们，下课了...

7.3.4　模式的应用场景

通过前面的分析与应用实例可知观察者模式适合以下几种情形。

（1）对象间存在一对多关系，一个对象的状态发生改变会影响其他对象。

（2）当一个抽象模型有两个方面，其中一个方面依赖于另一方面时，可将这二者封装在独立的对象中以使它们可以各自独立地改变和复用。

7.3.5　模式的扩展

在 Java 中，通过 java.util.Observable 类和 java.util.Observer 接口定义了观察者模式，只要实现它们的子类就可以编写观察者模式实例。

（1）Observable 类。它是抽象目标类，它有一个 Vector 向量，用于保存所有要通知的观察者对象，下面来介绍它最重要的 3 个方法。

① void addObserver(Observer o)方法：用于将新的观察者对象添加到向量中。

② void notifyObservers(Object arg)方法：调用向量中的所有观察者对象的 update()方法，通知它们数据发生改变。通常越晚加入向量的观察者越先得到通知。

③ void setChange()方法：用来设置一个 boolean 类型的内部标志位，注明目标对象发生了变化。当它为真时，notifyObservers()才会通知观察者。

（2）Observer 接口：它是抽象观察者，它监视目标对象的变化，当目标对象发生变化时，观察者得到通知，并调用 void update(Observable o,Object arg)方法，进行相应的工作。

【例 7.6】 利用 Observable 类和 Observer 接口实现原油期货的观察者模式实例。

分析：当原油价格上涨时，空方伤心，多方高兴；当油价下跌时，空方高兴，多方伤心。本实例中的抽象目标（Observable）类在 Java 中已经定义，可以直接定义其子类，即原油期货（OilFutures）类，它是具体目标类，该类中定义一个 setPrice(float price)方法，当原油数据发生变化时调用其父类的 notifyObservers(Object arg)方法来通知所有观察者；另外，本实例中的抽象观察者接口（Observer）在 Java 中已经定义，只要定义其子类，即具体观察者类（包括多方类 Bull 和空方类 Bear），并实现 update(Observable o,Object arg)方法即可。图 7.13 所示是其结构图。

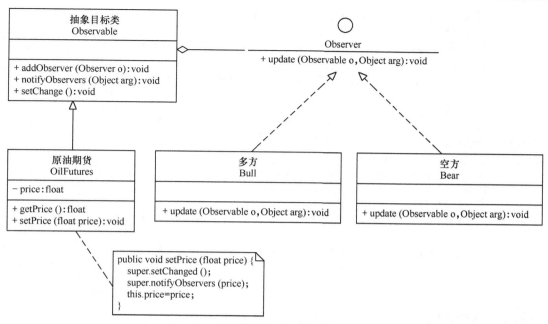

图 7.13 原油期货的观察者模式实例的结构图

程序代码如下：

```java
package observer;
import java.util.Observer;
import java.util.Observable;
public class CrudeOilFutures {
    public static void main(String[] args) {
        OilFutures oil = new OilFutures();
        Observer bull = new Bull(); //多方
        Observer bear = new Bear(); //空方
        oil.addObserver(bull);
        oil.addObserver(bear);
        oil.setPrice(10);
        oil.setPrice(-8);
    }
}
//具体目标类：原油期货
class OilFutures extends Observable{
    private float price;
    public float getPrice(){
        return this.price ;
    }
    public void setPrice(float price){
        super.setChanged() ; //设置内部标志位, 注明数据发生变化
        super.notifyObservers(price) ; //通知观察者价格改变了
        this.price = price ;
    }
}
//具体观察者类：多方
class Bull implements Observer{
    public void update(Observable o,Object arg){
```

181

```
            Float price=((Float)arg).floatValue();
            if(price>0){
                System.out.println("油价上涨"+price+"元，多方高兴了！");
            }else{
                System.out.println("油价下跌"+(-price)+"元，多方伤心了！");
            }
        }
    }
    //具体观察者类：空方
    class Bear implements Observer{
        public void update(Observable o,Object arg){
            Float price=((Float)arg).floatValue();
            if(price>0){
                System.out.println("油价上涨"+price+"元，空方伤心了！");
            }else{
                System.out.println("油价下跌"+(-price)+"元，空方高兴了！");
            }
        }
    }
}
```

程序运行结果如下：

油价上涨 10.0 元，空方伤心了！

油价上涨 10.0 元，多方高兴了！

油价下跌 8.0 元，空方高兴了！

油价下跌 8.0 元，多方伤心了！

7.4 中介者模式

在现实生活中，常常会出现好多对象之间存在复杂的交互关系，这种交互关系常常是"网状结构"，它要求每个对象都必须知道它需要交互的对象。例如，每个人必须记住他（她）所有朋友的电话；而且，朋友中如果有人的电话修改了，他（她）必须告诉其他所有的朋友修改，这叫作"牵一发而动全身"，非常复杂。

如果把这种"网状结构"改为"星形结构"的话，将大大降低它们之间的"耦合性"，这时只要找一个"中介者"就可以了。如前面所说的"每个人必须记住所有朋友电话"的问题，只要在网上建立一个每个朋友都可以访问的"通信录"就解决了。这样的例子还有很多，例如，你刚刚参加工作想租房，可以找"房屋中介"；或者，自己刚刚到一个陌生城市找工作，可以找"人才交流中心"帮忙。在软件的开发过程中，这样的例子也很多，例如，在 MVC 框架中，控制器（C）就是模型（M）和视图（V）的中介者；还有大家常用的 QQ 聊天程序的"中介者"是 QQ 服务器。所有这些，都可以采用"中介者模式"来实现，它将大大降低对象之间的耦合性，提高系统的灵活性。

7.4.1 模式的定义与特点

中介者（Mediator）模式的定义：定义一个中介对象来封装一系列对象之间的交互，使原有对象之间的耦合松散，且可以独立地改变它们之间的交互。中介者模式又叫调停模式，它是迪米特法则的典型应用。

中介者模式是一种对象行为型模式，其主要优点如下。

① 降低了对象之间的耦合性，使得对象易于独立地被复用。

② 将对象间的一对多关联转变为一对一的关联，提高系统的灵活性，使得系统易于维护和扩展。

其主要缺点是：当同事类太多时，中介者的职责将很大，它会变得复杂而庞大，以至于系统难以维护。

7.4.2　模式的结构与实现

中介者模式实现的关键是找出"中介者"，下面对它的结构和实现进行分析。

1. 模式的结构

中介者模式包含以下主要角色。

（1）抽象中介者（Mediator）角色：它是中介者的接口，提供了同事对象注册与转发同事对象信息的抽象方法。

（2）具体中介者（Concrete Mediator）角色：实现中介者接口，定义一个 List 来管理同事对象，协调各个同事角色之间的交互关系，因此它依赖于同事角色。

（3）抽象同事类（Colleague）角色：定义同事类的接口，保存中介者对象，提供同事对象交互的抽象方法，实现所有相互影响的同事类的公共功能。

（4）具体同事类（Concrete Colleague）角色：是抽象同事类的实现者，当需要与其他同事对象交互时，由中介者对象负责后续的交互。

中介者模式的结构图如图 7.14 所示。

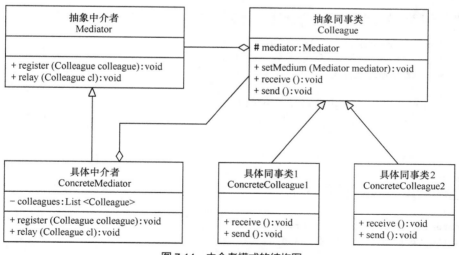

图 7.14　中介者模式的结构图

2. 模式的实现

中介者模式的实现代码如下：

```
package mediator;
import java.util.*;
```

```java
public class MediatorPattern {
    public static void main(String[] args) {
        Mediator md=new ConcreteMediator();
        Colleague c1,c2;
        c1=new ConcreteColleague1();
        c2=new ConcreteColleague2();
        md.register(c1);
        md.register(c2);
        c1.send();
        System.out.println("-------------");
        c2.send();
    }
}
//抽象中介者
abstract class Mediator
{
    public abstract void register(Colleague colleague);
    public abstract void relay(Colleague cl);    //转发
}
//具体中介者
class ConcreteMediator extends Mediator
{
    private List<Colleague> colleagues=new ArrayList<Colleague>();
    public void register(Colleague colleague)
    {
        if(!colleagues.contains(colleague))
        {
            colleagues.add(colleague);
            colleague.setMedium(this);
        }
    }
    public void relay(Colleague cl)
    {
        for(Colleague ob:colleagues)
        {
            if(!ob.equals(cl))
            {
                ((Colleague)ob).receive();
            }
        }
    }
}
//抽象同事类
abstract class Colleague
{
    protected Mediator mediator;
    public void setMedium(Mediator mediator)
    {
        this.mediator=mediator;
    }
    public abstract void receive();
    public abstract void send();
}
//具体同事类
```

```
class ConcreteColleague1 extends Colleague
{
    public void receive()
    {
        System.out.println("具体同事类 1 收到请求。");
    }
    public void send()
    {
        System.out.println("具体同事类 1 发出请求。");
        mediator.relay(this); //请中介者转发
    }
}
//具体同事类
class ConcreteColleague2 extends Colleague
{
    public void receive()
    {
        System.out.println("具体同事类 2 收到请求。");
    }
    public void send()
    {
        System.out.println("具体同事类 2 发出请求。");
        mediator.relay(this); //请中介者转发
    }
}
```

程序运行结果如下：
具体同事类 1 发出请求。
具体同事类 2 收到请求。

具体同事类 2 发出请求。
具体同事类 1 收到请求。

7.4.3　模式的应用实例

【例 7.7】 用中介者模式编写一个"韶关房地产交流平台"程序。

说明：韶关房地产交流平台是"房地产中介公司"提供给"卖方客户"与"买方客户"进行信息交流的平台，比较适合用中介者模式来实现。首先，定义一个中介公司（Medium）接口，它是抽象中介者，它包含了客户注册方法 register(Customer member)和信息转发方法 relay(String from,String ad)；再定义一个韶关房地产中介（EstateMedium）公司，它是具体中介者类，它包含了保存客户信息的 List 对象，并实现了中介公司中的抽象方法；然后，定义一个客户（Customer）类，它是抽象同事类，其中包含了中介者的对象，和发送信息的 send(String ad)方法与接收信息的 receive(String from,String ad)方法的接口，由于本程序是窗体程序，所以本类继承 JFrame 类，并实现动作事件的处理方法 actionPerformed(ActionEvent e)；最后，定义卖方（Seller）类和买方（Buyer）类，它们是具体同事类，是客户（Customer）类的子类，它们实现了父类中的抽象方法，通过中介者类进行信息交流，其结构图如图 7.15 所示。

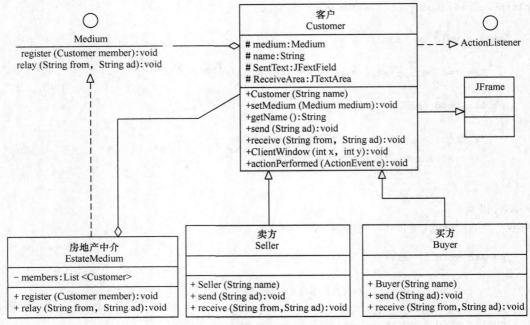

图 7.15 韶关房地产交流平台的结构图

程序代码如下：

```
package mediator;
import java.awt.BorderLayout;
import java.awt.Container;
import java.awt.event.*;
import java.util.*;
import javax.swing.*;
public class DatingPlatform {
    public static void main(String[] args) {
        Medium md=new EstateMedium();//房产中介
        Customer member1,member2;
        member1=new Seller("张三(卖方)");
        member2=new Buyer("李四(买方)");
        md.register(member1); //客户注册
        md.register(member2);
    }
}
//抽象中介者：中介公司
interface Medium
{
    void register(Customer member); //客户注册
    void relay(String from,String ad); //转发
}
//具体中介者：韶关房地产中介
class EstateMedium implements Medium
{
    private List<Customer> members=new ArrayList<Customer>();
    public void register(Customer member)
    {
        if(!members.contains(member))
        {
```

```
                members.add(member);
                member.setMedium(this);
            }
    }
    public void relay(String from,String ad)
    {
         for(Customer ob:members)
        {
                String name = ob.getName();
                if(!name.equals(from))
                {
                    ((Customer)ob).receive(from,ad);
                }
        }
    }
}
//抽象同事类：客户
abstract class Customer extends JFrame implements  ActionListener
{
    private static final long serialVersionUID = -7219939540794786080L;
    protected Medium medium;
    protected String name;
    JTextField SentText;
    JTextArea ReceiveArea;
    public Customer(String name)
    {
        super(name);
        this.name=name;
    }
    void ClientWindow(int x,int y){
        Container cp;
        JScrollPane sp;
        JPanel p1,p2;
         cp = this.getContentPane();
         SentText = new JTextField(18);
         ReceiveArea = new JTextArea(10,18);
         ReceiveArea.setEditable(false);
         p1 = new JPanel();
         p1.setBorder(BorderFactory.createTitledBorder("接收内容："));
         p1.add(ReceiveArea);
         sp = new JScrollPane(p1);
         cp.add(sp,BorderLayout.NORTH);
         p2 = new JPanel();
         p2.setBorder(BorderFactory.createTitledBorder("发送内容："));
         p2.add(SentText);
         cp.add(p2,BorderLayout.SOUTH);
         SentText.addActionListener(this);
         this.setLocation(x,y);
         this.setSize(250, 330);
         this.setResizable(false); //窗口大小不可调整
         this.setDefaultCloseOperation(JFrame.EXIT_ON_CLOSE);
         this.setVisible(true);
    }
    public void actionPerformed(ActionEvent e) {
        String tempInfo = SentText.getText().trim();
        SentText.setText("");
        this.send(tempInfo);
```

```
        }
        public String getName()
        {    return name;    }
        public void setMedium(Medium medium)
        {    this.medium=medium;    }
        public abstract void send(String ad);
        public abstract void receive(String from,String ad);
}
//具体同事类: 卖方
class Seller extends Customer
{
        private static final long serialVersionUID = -1443076716629516027L;
        public Seller(String name)
        {
            super(name);
            ClientWindow(50,100);
        }
        public void send(String ad)
        {
            ReceiveArea.append("我(卖方)说: "+ad+"\n");
            //使滚动条滚动到最底端
            ReceiveArea.setCaretPosition(ReceiveArea.getText().length());
            medium.relay(name,ad);
        }
        public void receive(String from,String ad)
        {
            ReceiveArea.append(from +"说: "+ad+"\n");
            //使滚动条滚动到最底端
            ReceiveArea.setCaretPosition(ReceiveArea.getText().length());
        }
}
//具体同事类: 买方
class Buyer extends Customer
{
        private static final long serialVersionUID = -474879276076308825L;
        public Buyer(String name)
        {
            super(name);
            ClientWindow(350,100);
        }
        public void send(String ad)
        {
            ReceiveArea.append("我(买方)说: "+ad+"\n");
            //使滚动条滚动到最底端
            ReceiveArea.setCaretPosition(ReceiveArea.getText().length());
            medium.relay(name,ad);
        }
        public void receive(String from,String ad)
        {
            ReceiveArea.append(from +"说: "+ad+"\n");
            //使滚动条滚动到最底端
            ReceiveArea.setCaretPosition(ReceiveArea.getText().length());
        }
}
```

程序的运行结果如图 7.16 所示。

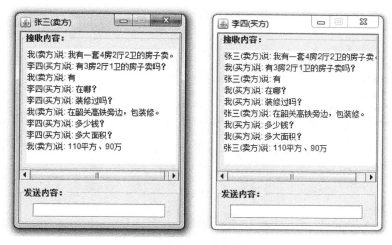

图 7.16 韶关房地产交流平台的运行结果

7.4.4 模式的应用场景

前面分析了中介者模式的结构与特点，下面分析其以下应用场景。

（1）当对象之间存在复杂的网状结构关系而导致依赖关系混乱且难以复用时。

（2）当想创建一个运行于多个类之间的对象，又不想生成新的子类时。

7.4.5 模式的扩展

在实际开发中，通常采用以下两种方法来简化中介者模式，使开发变得更简单。

（1）不定义中介者接口，把具体中介者对象实现成为单例。

（2）同事对象不持有中介者，而是在需要的时候直接获取中介者对象并调用。

图 7.17 所示是简化中介者模式的结构图。

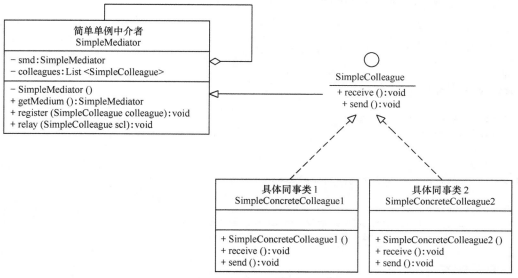

图 7.17 简化中介者模式的结构图

程序代码如下：

```java
package mediator;
import java.util.*;
public class SimpleMediatorPattern {
    public static void main(String[] args) {
        SimpleColleague c1,c2;
        c1=new SimpleConcreteColleague1();
        c2=new SimpleConcreteColleague2();
        c1.send();
        System.out.println("----------------");
        c2.send();
    }
}
//简单单例中介者
class SimpleMediator
{
    private static SimpleMediator smd=new SimpleMediator();
    private List<SimpleColleague> colleagues=new ArrayList<SimpleColleague>();
    private SimpleMediator(){}
    public static SimpleMediator getMedium()
    {    return(smd);    }
    public void register(SimpleColleague colleague)
    {
        if(!colleagues.contains(colleague))
        {
            colleagues.add(colleague);
        }
    }
    public void relay(SimpleColleague scl)
    {
        for(SimpleColleague ob:colleagues)
        {
            if(!ob.equals(scl))
            {
                ((SimpleColleague)ob).receive();
            }
        }
    }
}
//抽象同事类
interface SimpleColleague
{
    void receive();
    void send();
}
//具体同事类
class SimpleConcreteColleague1 implements SimpleColleague
{
    SimpleConcreteColleague1(){
        SimpleMediator smd=SimpleMediator.getMedium();
        smd.register(this);
    }
    public void receive()
    {    System.out.println("具体同事类 1: 收到请求。");    }
    public void send()
```

```
    {
        SimpleMediator smd=SimpleMediator.getMedium();
        System.out.println("具体同事类1：发出请求...");
        smd.relay(this); //请中介者转发
    }
}
//具体同事类
class SimpleConcreteColleague2 implements SimpleColleague
{
    SimpleConcreteColleague2(){
        SimpleMediator smd=SimpleMediator.getMedium();
        smd.register(this);
    }
    public void receive()
    {    System.out.println("具体同事类2：收到请求。");    }
    public void send()
    {
        SimpleMediator smd=SimpleMediator.getMedium();
        System.out.println("具体同事类2：发出请求...");
        smd.relay(this); //请中介者转发
    }
}
```

程序运行结果如下：

具体同事类 1：发出请求...
具体同事类 2：收到请求。

具体同事类 2：发出请求...
具体同事类 1：收到请求。

7.5 本章小结

本章主要介绍了职责链模式、状态模式、观察者模式、中介者模式的定义、特点、结构、实现方法与扩展方向，并通过多个应用实例来说明这 4 种设计模式的应用场景和使用方法。

7.6 习题

一、单选题

1. 关于模式适用性，（   ）不适合使用职责链（Chain of Responsibility）模式。
   A. 有多个的对象可以处理一个请求，哪个对象处理该请求运行时刻自动确定
   B. 在需要用比较通用和复杂的对象指针代替简单的指针的时候
   C. 用户想在不明确指定接收者的情况下，向多个对象中的一个提交一个请求
   D. 可处理一个请求的对象集合应被动态指定

2. Java 的异常处理机制可理解为（   ）行为模式。
   A. 观察者（Observer）模式   B. 迭代器（Iterator）模式
   C. 职责链（Chain of Responsibility）模式   D. 策略（Strategy）模式

3. 以下意图（　　　）可用来描述中介者（Mediator）。

    A. 提供一种方法顺序访问一个聚合对象中各个元素，而又不需暴露该对象的内部表示

    B. 将抽象部分与它的实现部分分离，使它们都可以独立变化

    C. 定义一个用于创建对象的接口，让子类决定实例化哪一个类

    D. 用一个中介对象来封装一系列的对象交互

4. 以下意图（　　　）可用来描述职责链（Chain of Responsibility）。

    A. 为子系统中的一组接口提供一个一致的界面，本模式定义了一个高层接口，这个接口使得这一子系统更加容易使用

    B. 提供一种方法顺序访问一个聚合对象中各个元素，而又不需暴露该对象的内部表示

    C. 在不破坏封装性的前提下，捕获一个对象的内部状态，并在该对象之外保存这个状态。这样以后就可将该对象恢复到原先保存的状态

    D. 使多个对象都有机会处理请求，从而避免请求的发送者和接收者之间的耦合关系

5. 以下意图（　　　）可用来描述观察者（Observer）。

    A. 将抽象部分与它的实现部分分离，使它们都可以独立变化。

    B. 定义对象间的一种一对多的依赖关系,当一个对象的状态发生改变时，所有依赖于它的对象都得到通知并被自动更新

    C. 用原型实例指定创建对象的种类，并且通过复制这些原型创建新的对象

    D. 使多个对象都有机会处理请求，从而避免请求的发送者和接收者之间的耦合关系

6. 以下意图（　　　）可用来描述状态（State）。

    A. 使多个对象都有机会处理请求，从而避免请求的发送者和接收者之间的耦合关系

    B. 提供一种方法顺序访问一个聚合对象中各个元素，而又不需暴露该对象的内部表示

    C. 允许一个对象在其内部状态改变时改变它的行为。对象看起来似乎修改了它的类

    D. 在不破坏封装性的前提下，捕获一个对象的内部状态，并在该对象之外保存这个状态，这样以后就可将该对象恢复到原先保存的状态

7. 关于模式适用性，以下（　　　）不适合使用观察者（Observer）模式。

    A. 当一个抽象模型有两个方面，其中一个方面依赖于另一方面。将这二者封装在独立的对象中以使它们可以各自独立地改变和复用

    B. 当对一个对象的改变需要同时改变其他对象，而不知道具体有多少对象有待改变

    C. 当一个对象必须通知其他对象，而它又不能假定其他对象是谁。换言之，用户不希望这些对象是紧密耦合的

    D. 在不影响其他对象的情况下，以动态、透明的方式给单个对象添加职责

8. 在观察者模式中，表述错误的是（　　　）。

    A. 观察者角色的更新是被动的

    B. 被观察者可以通知观察者进行更新

    C. 观察者可以改变被观察者的状态，再由被观察者通知所有观察者依据被观察者的状态进行

    D. 以上表述全部错误

二、多选题

1. 中介者模式有以下（　　　）优点。

  A. 简化了对象之间的交互   B. 简化了同事类的设计和实现

  C. 封装了转换规则   D. 减少了子类生成

 2. 关于模式适用性，以下（   ）适合使用职责链（Chain of Responsibility）模式。

  A. 有多个的对象可以处理一个请求，哪个对象处理该请求运行时刻自动确定

  B. 在需要用比较通用和复杂的对象指针代替简单的指针的时候

  C. 用户想在不明确指定接收者的情况下，向多个对象中的一个提交一个请求

  D. 可处理一个请求的对象集合应被动态指定

 3. 观察者（Observer）模式适用于（   ）。

  A. 当一个抽象模型存在两个方面，其中一个方面依赖于另一方面，将这二者封装在独立的对象中以使它们可以各自独立地改变和复用

  B. 当对一个对象的改变需要同时改变其他对象，而不知道具体有多少对象有待改变时

  C. 当一个对象必须通知其他对象，而它又不能假定其他对象是谁。也就是说用户不希望这些对象是紧密耦合的

  D. 一个对象结构包含很多类对象，它们有不同的接口，而想对这些对象实施一些依赖于其具体类的操作

 4. 状态（State）模式有下面（   ）效果。

  A. 它将与特定状态相关的行为局部化，并且将不同状态的行为分割开来

  B. 它使得状态转换显式化

  C. 通过类层次进行访问

  D. State 对象可被共享

 5. 观察者模式允许用户独立地改变目标和观察者。用户可以单独复用目标对象而无须同时复用其观察者，反之亦然。它也使用户可以在不改动目标和其他的观察者的前提下增加观察者。下面（   ）是观察者模式其他的优缺点。

  A. 它使得状态转换显式化   B. 支持广播通信

  C. 意外的更新   D. 目标和观察者间的抽象耦合

三、填空题

 1. 职责链模式是一种_____模式，它将所有请求的处理者连成一条链。

 2. 职责链模式存在_____和_____两种情况。

 3. 状态模式包含_____角色、_____角色和_____角色等主要角色。

 4. MVC 模型的基本工作原理是基于_____模式，实现是属于_____模式。

 5. 在 Java 中，通过_____类和_____接口定义了观察者模式，我们只要实现它们的子类就可以编写观察者模式实例。

 6. 在实际开发中，通常采用_____的方法来简化中介者模式。

四、设计题

  正确选择所学的设计模式完成以下实例的设计：猫大叫一声，所有的老鼠都开始逃跑，主人被惊醒。即老鼠和主人的行为是被动的，猫是主动的。

  要求：（1）正确选择设计模式。

（2）画出其类图。

五、简答题

1. 什么是职责链模式（Chain of Responsibility）？
2. 简述职责链模式的主要优点和主要缺点。
3. 简述状态模式的应用场景和扩展方向。
4. 观察者模式（Observer Pattern）还有哪些其他名称？
5. 用实例说明什么叫观察者模式（Observer Pattern）。
6. 简述中介者模式的结构并画出其结构图。

六、综合题

1. 某房地产公司欲开发一套房产信息管理系统，根据如下描述选择合适的设计模式进行设计。

① 该公司有多种房型，如公寓、别墅等，在将来可能会增加新的房型。

② 销售人员每售出一套房子，主管将收到相应的销售消息。

要求：（1）正确选择设计模式。

（2）画出其类图。

（3）正确解释该类图中的成员。

2. 某旅游公司（如广之旅）欲利用假期为韶关学院学生开展夏令营活动，帮助大学生同国外大学生交流，根据如下描述选择合适的设计模式进行设计。

① 该公司能帮助学生同国外多个大学生联系，如哈佛大学、墨尔本大学。

② 公司为每个国外大学分配一名翻译，如中英翻译、中法翻译。

要求：（1）正确选择设计模式。

（2）画出其类图。

（3）正确解释该类图中的成员角色。

3. 假设某远程服务器提供 3 种功能：功能 1( )、功能 2( )、功能 3( )。学员如果交 1000 元学费将受到"初级学校"的培训，并获取"初级级别"，这时通过本地代理服务器可以访问远程服务器的"功能 1( )"；如果再交 1000 元学费将受到"中级学校"的培训，并获取"中级级别"，这时通过本地代理服务器可以访问远程服务器的"功能 1( )、功能 2( )"；如果再交 1000 元学费将受到"高级学校"的培训，并获取"高级级别"，这时通过本地代理服务器可以访问远程服务器的"功能 1( )、功能 2( )、功能 3( )"，请根据以上描述完成以下任务。

（1）正确选择设计模式。

（2）画出其类图。

（3）正确解释该类图中的成员。

8 第8章 行为型模式（下）

📖 **本章教学目标：**
- 进一步掌握行为型模式的优缺点；
- 了解迭代器模式、访问者模式、备忘录模式、解释器模式的定义与特点；
- 掌握迭代器模式、访问者模式、备忘录模式、解释器模式的结构与实现；
- 学会使用这 4 种设计模式开发应用程序；
- 了解这 4 种设计模式的扩展应用。

📖 **本章重点内容：**
- 迭代器模式的定义、特点、结构、应用场景与应用方法；
- 访问者模式的定义、特点、结构、应用场景与应用方法；
- 备忘录模式的定义、特点、结构、应用场景与应用方法；
- 解释器模式的定义、特点、结构、应用场景与应用方法。

8.1 迭代器模式

在现实生活以及程序设计中，经常要访问一个聚合对象中的各个元素，如"数据结构"中的链表遍历，通常的做法是将链表的创建和遍历都放在同一个类中，但这种方式不利于程序的扩展，如果要更换遍历方法就必须修改程序源代码，这违背了"开闭原则"。

既然将遍历方法封装在聚合类中不可取，那么聚合类中不提供遍历方法，将遍历方法由用户自己实现是否可行呢？答案是同样不可取，因为这种方式会存在两个缺点：①暴露了聚合类的内部表示，使其数据不安全；②增加了客户的负担。

"迭代器模式"能较好地克服以上缺点，它在客户访问类与聚合类之间插入一个迭代器，这分离了聚合对象与其遍历行为，对客户也隐藏了其内部细节，且满足"单一职责原则"和"开闭原则"，如 Java 中的 Collection、List、Set、Map 等都包含了迭代器。

8.1.1 模式的定义与特点

迭代器（Iterator）模式的定义：提供一个对象来顺序访问聚合对象中的一系列数据，而不暴露聚合对象的内部表示。

迭代器模式是一种对象行为型模式，其主要优点如下。

① 访问一个聚合对象的内容而无须暴露它的内部表示。

② 遍历任务交由迭代器完成，这简化了聚合类。

③ 它支持以不同方式遍历一个聚合，甚至可以自定义迭代器的子类以支持新的遍历。

④ 增加新的聚合类和迭代器类都很方便，无须修改原有代码。

⑤ 封装性良好，为遍历不同的聚合结构提供一个统一的接口。

其主要缺点是：增加了类的个数，这在一定程度上增加了系统的复杂性。

8.1.2 模式的结构与实现

迭代器模式是通过将聚合对象的遍历行为分离出来，抽象成迭代器类来实现的，其目的是在不暴露聚合对象的内部结构的情况下，让外部代码透明地访问聚合的内部数据。现在我们来分析其基本结构与实现方法。

1. 模式的结构

迭代器模式主要包含以下角色。

（1）抽象聚合（Aggregate）角色：定义存储、添加、删除聚合对象以及创建迭代器对象的接口。

（2）具体聚合（Concrete Aggregate）角色：实现抽象聚合类，返回一个具体迭代器的实例。

（3）抽象迭代器（Iterator）角色：定义访问和遍历聚合元素的接口，通常包含 hasNext()、first()、next()等方法。

（4）具体迭代器（Concrete Iterator）角色：实现抽象迭代器接口中所定义的方法，完成对聚合对象的遍历，记录遍历的当前位置。

其结构图如图 8.1 所示。

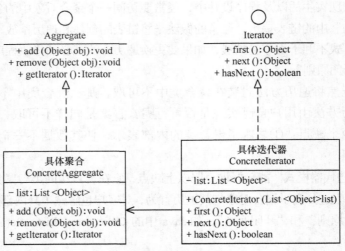

图 8.1 迭代器模式的结构图

2. 模式的实现

迭代器模式的实现代码如下：

```
package Iterator;
import java.util.*;
```

```java
public class IteratorPattern {
    public static void main(String[] args) {
        Aggregate ag = new ConcreteAggregate();
        ag.add("中山大学");
        ag.add("华南理工");
        ag.add("韶关学院");
        System.out.print("聚合的内容有：");
        Iterator it = ag.getIterator();
        while(it.hasNext()){
            Object ob = it.next();
            System.out.print(ob.toString()+"\t");
        }
        Object ob = it.first();
        System.out.println("\nFirst: "+ob.toString());
    }
}
//抽象聚合
interface Aggregate {
    public void add(Object obj);
    public void remove(Object obj);
    public Iterator getIterator();
}
//具体聚合
class ConcreteAggregate implements Aggregate {
    private List<Object> list = new ArrayList<Object>();
    public void add(Object obj) {
        list.add(obj);
    }
    public void remove(Object obj) {
        list.remove(obj);
    }
    public Iterator getIterator() {
        Return(new ConcreteIterator(list));
    }
}
//抽象迭代器
interface Iterator {
    Object first();
    Object next();
    boolean hasNext();
}
//具体迭代器
class ConcreteIterator implements Iterator{
    private List<Object> list = null;
    private int index =0;
    public ConcreteIterator(List<Object> list){
        this.list = list;
    }
    public boolean hasNext() {
        if(index>=list.size()){
            return false;
        } else {
            return true;
        }
```

```
        }
        public Object first(){
            index=0;
            Object obj = list.get(index);;
            return obj;
        }
        public Object next(){
            Object obj = null;
            if(this.hasNext()){
                obj = list.get(index++);
            }
            return obj;
        }
    }
```

程序运行结果如下：

聚合的内容有：中山大学　华南理工　韶关学院

First：中山大学

8.1.3　模式的应用实例

【例 8.1】　用迭代器模式编写一个浏览婺源旅游风景图的程序。

分析：婺源的名胜古迹较多，要设计一个查看相关景点图片和简介的程序，用"迭代器模式"设计比较合适。首先，设计一个婺源景点（WyViewSpot）类来保存每张图片的名称与简介；再设计一个景点集（ViewSpotSet）接口，它是抽象聚合类，提供了增加和删除婺源景点的方法，以及获取迭代器的方法；然后，定义一个婺源景点集（WyViewSpotSet）类，它是具体聚合类，用 ArrayList 来保存所有景点信息，并实现父类中的抽象方法；再定义婺源景点的抽象迭代器（ViewSpotIterator）接口，其中包含了查看景点信息的相关方法；最后，定义婺源景点的具体迭代器（WyViewSpotIterator）类，它实现了父类的抽象方法；客户端程序设计成窗口程序，它初始化婺源景点集（ViewSpotSet）中的数据，并实现 ActionListener 接口，它通过婺源景点迭代器（ViewSpotIterator）来查看婺源景点（WyViewSpot）的信息。图 8.2 所示是其结构图。

程序代码如下：

```
package Iterator;
import java.awt.*;
import java.awt.event.*;
import java.util.ArrayList;
import javax.swing.*;
public class PictureIterator{
    public static void main(String[] args) {
        new PictureFrame();
    }
}
//相框类：客户端
class PictureFrame extends JFrame implements ActionListener{
    private static final long serialVersionUID = 1L;
    ViewSpotSet ag; //婺源景点集接口
    ViewSpotIterator it; //婺源景点迭代器接口
    WyViewSpot ob;      //婺源景点类
    PictureFrame(){
```

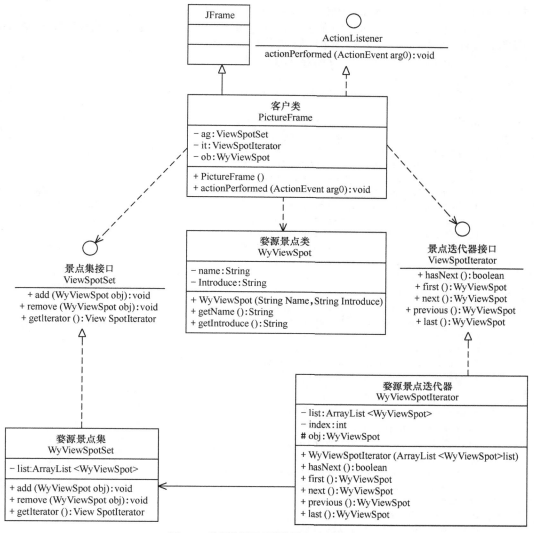

图 8.2　婺源旅游风景图浏览程序的结构图

```
super("中国最美乡村"婺源"的部分风景图");
this.setResizable(false);
ag = new WyViewSpotSet();
```

ag.add(new WyViewSpot("江湾","江湾景区是婺源的一个国家 5A 级旅游景区，景区内有萧江宗祠、永思街、滕家老屋、婺源人家、乡贤园、百工坊等一大批古建筑，精美绝伦，做工精细。"));

ag.add(new WyViewSpot("李坑","李坑村是一个以李姓聚居为主的古村落，是国家 4A 级旅游景区，其建筑风格独特，是著名的徽派建筑，给人一种安静、祥和的感觉。"));

ag.add(new WyViewSpot("思溪延村","思溪延村位于婺源县思口镇境内，始建于南宋庆元五年（1199年），当时建村者俞氏以（鱼）思清溪水而名。"));

ag.add(new WyViewSpot("晓起村","晓起有"中国茶文化第一村"与"国家级生态示范村"之美誉，村屋多为清代建筑，风格各具特色，村中小巷均铺青石，曲曲折折，回环如棋局。"));

ag.add(new WyViewSpot("菊径村","菊径村形状为山环水绕型，小河成大半圆形，绕村庄将近一周，四周为高山环绕，符合中国的八卦"后山前水"设计，当地人称"脸盆村"。"));

ag.add(new WyViewSpot("篁岭","篁岭是著名的"晒秋"文化起源地，也是一座距今近六百年历史的徽州古村；篁岭属典型山居村落，民居围绕水口呈扇形梯状错落排布。"));

ag.add(new WyViewSpot("彩虹桥","彩虹桥是婺源颇有特色的带顶的桥——廊桥，其不仅造型优美，

而且它可在雨天里供行人歇脚，其名取自唐诗"两水夹明镜，双桥落彩虹"。"));

```
        ag.add(new WyViewSpot("卧龙谷","卧龙谷是国家 4A 级旅游区，这里飞泉瀑流泻银吐玉、彩池幽潭
碧绿清新、山峰岩石挺拔奇巧，活脱脱一幅天然泼墨山水画。"));
        it = ag.getIterator();  //获取婺源景点迭代器
        ob = it.first();
        this.showPicture(ob.getName(),ob.getIntroduce());
    }
    //显示图片
    void showPicture(String Name,String Introduce){
        Container cp = this.getContentPane();
        JPanel picturePanel=new JPanel();
        JPanel controlPanel = new JPanel();
        String FileName="src/Iterator/Picture/"+Name+".jpg";
        JLabel lb = new JLabel(Name,new ImageIcon(FileName),JLabel.CENTER);
        JTextArea ta=new JTextArea(Introduce);
        lb.setHorizontalTextPosition(JLabel.CENTER);
        lb.setVerticalTextPosition(JLabel.TOP);
        lb.setFont(new Font("宋体",Font.BOLD,20));
        ta.setLineWrap(true);
        ta.setEditable(false);
        //ta.setBackground(Color.orange);
        picturePanel.setLayout(new BorderLayout(5,5));
        picturePanel.add("Center",lb);
        picturePanel.add("South",ta);
        JButton first, last, next, previous;
        first = new JButton("第一张");
        next = new JButton("下一张");
        previous =new JButton("上一张");
        last = new JButton("最末张");
        first.addActionListener(this);
        next.addActionListener(this);
        previous.addActionListener(this);
        last.addActionListener(this);
        controlPanel.add(first);
        controlPanel.add(next);
        controlPanel.add(previous);
        controlPanel.add(last);
        cp.add("Center",picturePanel);
        cp.add("South",controlPanel);
        this.setSize(630, 550);
        this.setVisible(true);
        this.setDefaultCloseOperation(JFrame.EXIT_ON_CLOSE);
    }
    @Override
    public void actionPerformed(ActionEvent arg0) {
        String command = arg0.getActionCommand();
        if (command.equals("第一张")) {
            ob = it.first();
            this.showPicture(ob.getName(),ob.getIntroduce());
        }else if (command.equals("下一张")){
            ob = it.next();
            this.showPicture(ob.getName(),ob.getIntroduce());
        }else if (command.equals("上一张")){
            ob = it.previous();
            this.showPicture(ob.getName(),ob.getIntroduce());
```

```
            }else if (command.equals("最末张")){
                ob = it.last();
                this.showPicture(ob.getName(),ob.getIntroduce());
            }
        }
    }
}
//婺源景点类
class WyViewSpot{
    private String Name;
    private String Introduce;
    WyViewSpot(String Name,String Introduce){
        this.Name=Name;
        this.Introduce=Introduce;
    }
    public String getName(){
        return Name;
    }
    public String getIntroduce(){
        return Introduce;
    }
}
//抽象聚合：景点集接口
interface ViewSpotSet {
    void add(WyViewSpot obj);
    void remove(WyViewSpot obj);
    ViewSpotIterator getIterator();
}
//具体聚合：婺源景点集
class WyViewSpotSet implements ViewSpotSet {
    private ArrayList<WyViewSpot> list = new ArrayList<WyViewSpot>();
    public void add(WyViewSpot obj) {
        list.add(obj);
    }
    public void remove(WyViewSpot obj) {
        list.remove(obj);
    }
    public ViewSpotIterator getIterator() {
        return(new WyViewSpotIterator(list));
    }
}
//抽象迭代器：婺源景点迭代器接口
interface ViewSpotIterator {
    boolean hasNext();
    WyViewSpot first();
    WyViewSpot next();
    WyViewSpot previous();
    WyViewSpot last();
}
//具体迭代器：婺源景点迭代器
class WyViewSpotIterator implements ViewSpotIterator{
    private ArrayList<WyViewSpot> list = null;
    private int index =-1;
    WyViewSpot obj = null;
    public WyViewSpotIterator(ArrayList<WyViewSpot> list){
        this.list = list;
    }
```

```
        public boolean hasNext() {
            if(index<list.size()-1){
                return true;
            } else {
                return false;
            }
        }
        public WyViewSpot first(){
            index=0;
            obj = list.get(index);
            return obj;
        }
        public WyViewSpot next() {
            if(this.hasNext()){
                obj = list.get(++index);
            }
            return obj;
        }
        public WyViewSpot previous() {
            if(index>0){
                obj = list.get(--index);
            }
            return obj;
        }
        public WyViewSpot last(){
            index=list.size()-1;
            obj = list.get(index);
            return obj;
        }
    }
```

程序的运行结果如图 8.3 所示。

图 8.3　婺源旅游风景图浏览程序的运行结果

8.1.4　模式的应用场景

前面介绍了关于迭代器模式的结构与特点，下面介绍其应用场景，迭代器模式通常在以下几种情况使用。

（1）当需要为聚合对象提供多种遍历方式时。

（2）当需要为遍历不同的聚合结构提供一个统一的接口时。

（3）当访问一个聚合对象的内容而无须暴露其内部细节的表示时。

由于聚合与迭代器的关系非常密切，所以大多数语言在实现聚合类时都提供了迭代器类，因此大数情况下使用语言中已有的聚合类的迭代器就已经够了。

8.1.5　模式的扩展

迭代器模式常常与组合模式结合起来使用，在对组合模式中的容器构件进行访问时，经常将迭代器潜藏在组合模式的容器构成类中。当然，也可以构造一个外部迭代器来对容器构件进行访问，其结构图如图 8.4 所示。

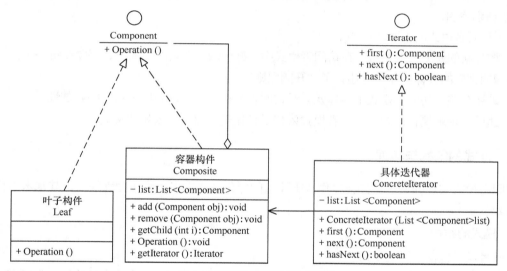

图 8.4　组合迭代器模式的结构图

8.2　访问者模式

在现实生活中，有些集合对象中存在多种不同的元素，且每种元素也存在多种不同的访问者和处理方式。例如，公园中存在多个景点，也存在多个游客，不同的游客对同一个景点的评价可能不同；医院医生开的处方单中包含多种药元素，查看它的划价员和药房工作人员对它的处理方式也不同，划价员根据处方单上面的药品名和数量进行划价，药房工作人员根据处方单的内容进行抓药。这样的例子还有很多，例如，电影或电视剧中的人物角色，不同的观众对他们的评价也不同；还有顾客在商场购物时放在"购物车"中的商品，顾客主要关心所选商品的性价比，而收银员关心的是商品的价格和数量。

这些被处理的数据元素相对稳定而访问方式多种多样的数据结构，如果用"访问者模式"来处理比较方便。访问者模式能把处理方法从数据结构中分离出来，并可以根据需要增加新的处理方法，且不用修改原来的程序代码与数据结构，这提高了程序的扩展性和灵活性。

8.2.1　模式的定义与特点

访问者（Visitor）模式的定义：将作用于某种数据结构中的各元素的操作分离出来封装成独立的类，使其在不改变数据结构的前提下可以添加作用于这些元素的新的操作，为数据结构中的每个元素提供多种访问方式。它将对数据的操作与数据结构进行分离，是行为类模式中最复杂的一种模式。

（1）访问者模式是一种对象行为型模式，其主要优点如下。

① 扩展性好。能够在不修改对象结构中的元素的情况下，为对象结构中的元素添加新的功能。

② 复用性好。可以通过访问者来定义整个对象结构通用的功能，从而提高系统的复用程度。

③ 灵活性好。访问者模式将数据结构与作用于结构上的操作解耦，使得操作集合可相对自由地演化而不影响系统的数据结构。

④ 符合单一职责原则。访问者模式把相关的行为封装在一起，构成一个访问者，使每一个访问者的功能都比较单一。

（2）访问者模式的主要缺点如下。

① 增加新的元素类很困难。在访问者模式中，每增加一个新的元素类，都要在每一个具体访问者类中增加相应的具体操作，这违背了"开闭原则"。

② 破坏封装。访问者模式中具体元素对访问者公布细节，这破坏了对象的封装性。

③ 违反了依赖倒置原则。访问者模式依赖了具体类，而没有依赖抽象类。

8.2.2　模式的结构与实现

访问者模式实现的关键是如何将作用于元素的操作分离出来封装成独立的类，其基本结构与实现方法如下。

1. 模式的结构

访问者模式包含以下主要角色。

（1）抽象访问者（Visitor）角色：定义一个访问具体元素的接口，为每个具体元素类对应一个访问操作 visit()，该操作中的参数类型标识了被访问的具体元素。

（2）具体访问者（Concrete Visitor）角色：实现抽象访问者角色中声明的各个访问操作，确定访问者访问一个元素时该做什么。

（3）抽象元素（Element）角色：声明一个包含接受操作 accept()的接口，被接受的访问者对象作为 accept()方法的参数。

（4）具体元素（Concrete Element）角色：实现抽象元素角色提供的 accept()操作，其方法体通常都是 visitor.visit(this)，另外具体元素中可能还包含本身业务逻辑的相关操作。

（5）对象结构（Object Structure）角色：是一个包含元素角色的容器，提供让访问者对象遍历容器中的所有元素的方法，通常由 List、Set、Map 等聚合类实现。

其结构图如图 8.5 所示。

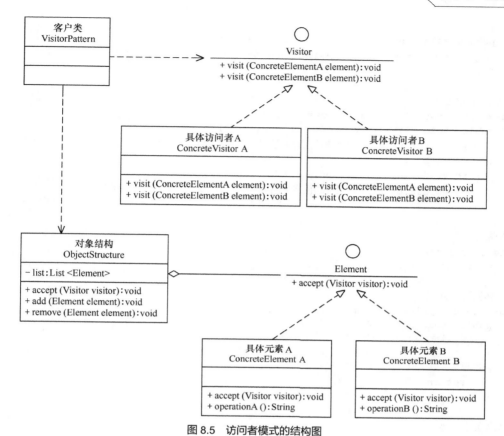

图 8.5　访问者模式的结构图

2.　模式的实现

访问者模式的实现代码如下：

```java
package visitor;
import java.util.*;
public class VisitorPattern {
    public static void main(String[] args) {
        ObjectStructure os = new ObjectStructure();
        os.add(new ConcreteElementA());
        os.add(new ConcreteElementB());
        Visitor visitor = new ConcreteVisitorA();
        os.accept(visitor);
        System.out.println("----------------------");
        visitor = new ConcreteVisitorB();
        os.accept(visitor);
    }
}
//抽象访问者
interface Visitor {
    void visit(ConcreteElementA element);
    void visit(ConcreteElementB element);
}
//具体访问者 A 类
class ConcreteVisitorA implements Visitor {
    public void visit(ConcreteElementA element) {
        System.out.println("具体访问者 A 访问-->"+element.operationA());
```

```
        }
        public void visit(ConcreteElementB element) {
            System.out.println("具体访问者 A 访问-->"+element.operationB());
        }
    }
    //具体访问者 B 类
    class ConcreteVisitorB implements Visitor {
        public void visit(ConcreteElementA element) {
            System.out.println("具体访问者 B 访问-->"+element.operationA());
        }
        public void visit(ConcreteElementB element) {
            System.out.println("具体访问者 B 访问-->"+element.operationB());
        }
    }
    //抽象元素类
    interface Element {
        void accept(Visitor visitor);
    }
    //具体元素 A 类
    class ConcreteElementA implements Element{
        public void accept(Visitor visitor) {
            visitor.visit(this);
        }
        public String operationA(){
            return "具体元素 A 的操作。";
        }
    }
    //具体元素 B 类
    class ConcreteElementB implements Element{
        public void accept(Visitor visitor) {
            visitor.visit(this);
        }
        public String operationB(){
            return "具体元素 B 的操作。";
        }
    }
    //对象结构角色
    class ObjectStructure {
        private List<Element> list = new ArrayList<Element>();
        public void accept(Visitor visitor){
            Iterator<Element> i=list.Iterator();
            while(i.hasNext())
            {
                ((Element) i.next()).accept(visitor);
            }
        }
        public void add(Element element){
            list.add(element);
        }
        public void remove(Element element){
            list.remove(element);
        }
    }
```

程序运行结果如下：

具体访问者 A 访问-->具体元素 A 的操作。

具体访问者 A 访问-->具体元素 B 的操作。

具体访问者 B 访问-->具体元素 A 的操作。
具体访问者 B 访问-->具体元素 B 的操作。

8.2.3　模式的应用实例

【例 8.2 】　利用"访问者模式"模拟艺术公司与造币公司的功能。

分析：艺术公司利用"铜"可以设计出铜像，利用"纸"可以画出图画；造币公司利用"铜"可以印出铜币，利用"纸"可以印出纸币，对"铜"和"纸"这两种元素，两个公司的处理方法不同，所以该实例用访问者模式来实现比较适合。首先，定义一个公司（Company）接口，它是抽象访问者，提供了两个根据纸（Paper）或铜（Cuprum）这两种元素创建作品的方法；再定义艺术公司（ArtCompany）类和造币公司（Mint）类，它们是具体访问者，实现了父接口的方法；然后，定义一个材料（Material）接口，它是抽象元素，提供了 accept(Company visitor)方法来接受访问者（Company）对象访问；再定义纸（Paper）类和铜（Cuprum）类，它们是具体元素类，实现了父接口中的方法；最后，定义一个材料集（SetMaterial）类，它是对象结构角色，拥有保存所有元素的容器 List，并提供让访问者对象遍历容器中的所有元素的 accept(Company visitor)方法；客户类设计成窗体程序，它提供材料集（SetMaterial）对象供访问者（Company）对象访问，实现了 ItemListener 接口，处理用户的事件请求。图 8.6 所示是其结构图。

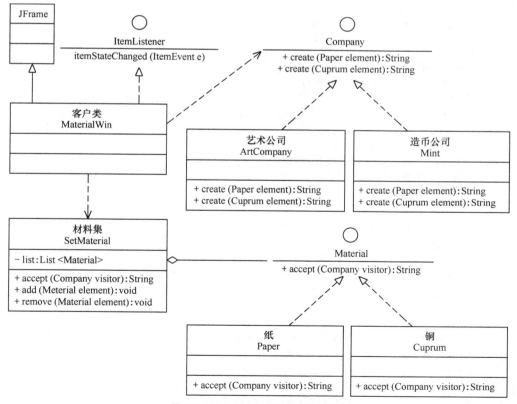

图 8.6　艺术公司与造币公司的结构图

程序代码如下：

```java
package visitor;
import java.awt.event.*;
import java.util.*;
import javax.swing.*;
public class VisitorProducer {
    public static void main(String[] args) {
        new MaterialWin();
    }
}
//客户类：窗体
class MaterialWin extends JFrame implements ItemListener{
    private static final long serialVersionUID = 1L;
    JPanel CenterJP;
    SetMaterial os; //材料集对象
    Company visitor1,visitor2;//访问者对象
    String[] select;
    MaterialWin(){
        super("利用访问者模式设计艺术公司和造币公司");
        JRadioButton Art;
        JRadioButton mint;
        os = new SetMaterial();
        os.add(new Cuprum());
        os.add(new Paper());
        visitor1 = new ArtCompany();//艺术公司
        visitor2 = new Mint(); //造币公司
        this.setBounds(10, 10, 750, 350);
        this.setResizable(false);
        CenterJP=new JPanel();
        this.add("Center",CenterJP);
        JPanel SouthJP=new JPanel();
        JLabel yl = new JLabel("原材料有：铜和纸，请选择生产公司：");
        Art=new JRadioButton("艺术公司",true);
        mint=new JRadioButton("造币公司");
        Art.addItemListener(this);
        mint.addItemListener(this);
        ButtonGroup group=new ButtonGroup();
        group.add(Art);
        group.add(mint);
        SouthJP.add(yl);
        SouthJP.add(Art);
        SouthJP.add(mint);
        this.add("South",SouthJP);
        select=(os.accept(visitor1)).split(" ");//获取产品名
        showPicture(select[0],select[1]); //显示产品
    }
    //显示图片
    void showPicture(String Cuprum,String paper){
        CenterJP.removeAll(); //清除面板内容
        CenterJP.repaint(); //刷新屏幕
        String FileName1="src/visitor/Picture/"+Cuprum+".jpg";
        String FileName2="src/visitor/Picture/"+paper+".jpg";
        JLabel lb = new JLabel(new ImageIcon(FileName1),JLabel.CENTER);
        JLabel rb = new JLabel(new ImageIcon(FileName2),JLabel.CENTER);
```

```
                CenterJP.add(lb);
                CenterJP.add(rb);
                this.setVisible(true);
                this.setDefaultCloseOperation(JFrame.EXIT_ON_CLOSE);
        }
        @Override
        public void itemStateChanged(ItemEvent arg0) {
                JRadioButton jc = (JRadioButton) arg0.getSource();
                if (jc.isSelected()) {
                        if (jc.getText()=="造币公司"){
                                select=(os.accept(visitor2)).split(" ");
                        }else{
                                select=(os.accept(visitor1)).split(" ");
                        }
                        showPicture(select[0],select[1]); //显示选择的产品
                }
        }
}
//抽象访问者:公司
interface Company {
        String create(Paper element);
        String create(Cuprum element);
}
//具体访问者：艺术公司
class ArtCompany implements Company {
        public String create(Paper element) {
                return "讲学图";
        }
        public String create(Cuprum element) {
                return "朱熹铜像";
        }
}
//具体访问者：造币公司
class Mint implements Company {
        public String create(Paper element) {
                return "纸币";
        }
        public String create(Cuprum element) {
                return "铜币";
        }
}
//抽象元素：材料
interface Material {
        String accept(Company visitor);
}
//具体元素：纸
class Paper implements Material{
        public String accept(Company visitor) {
                return(visitor.create(this));
        }
}
//具体元素：铜
class Cuprum implements Material{
        public String accept(Company visitor) {
```

```
            return(visitor.create(this));
        }
    }
    //对象结构角色:材料集
    class SetMaterial {
        private List<Material> list = new ArrayList<Material>();
        public String accept(Company visitor){
            Iterator<Material> i=list.Iterator();
            String tmp="";
            while(i.hasNext())
            {
                tmp+=((Material) i.next()).accept(visitor)+" ";
            }
            return tmp; //返回某公司的作品集
        }
        public void add(Material element){
            list.add(element);
        }
        public void remove(Material element){
            list.remove(element);
        }
    }
```

程序运行结果如图 8.7 所示。

（a）艺术公司设计的产品

（b）造币公司生产的货币

图 8.7　艺术公司与造币公司的运行结果

8.2.4　模式的应用场景

通常在以下情况可以考虑使用访问者模式。

（1）对象结构相对稳定，但其操作算法经常变化的程序。

（2）对象结构中的对象需要提供多种不同且不相关的操作，而且要避免让这些操作的变化影响对象的结构。

（3）对象结构包含很多类型的对象，希望对这些对象实施一些依赖于其具体类型的操作。

8.2.5　模式的扩展

访问者模式是使用频率较高的一种设计模式，它常常同以下两种设计模式联用。

（1）与上一章所学的"迭代器模式"联用。因为访问者模式中的"对象结构"是一个包含元素角色的容器，当访问者遍历容器中的所有元素时，常常要用迭代器。如【例 8.2】中的对象结构是用 List 实现的，它通过 List 对象的 Iterator() 方法获取迭代器。如果对象结构中的聚合类没有提供迭代器，也可以用迭代器模式自定义一个。

（2）访问者模式同"组合模式"联用。因为访问者模式中的"元素对象"可能是叶子对象或者是容器对象，如果元素对象包含容器对象，就必须用到组合模式，其结构图如图 8.8 所示。

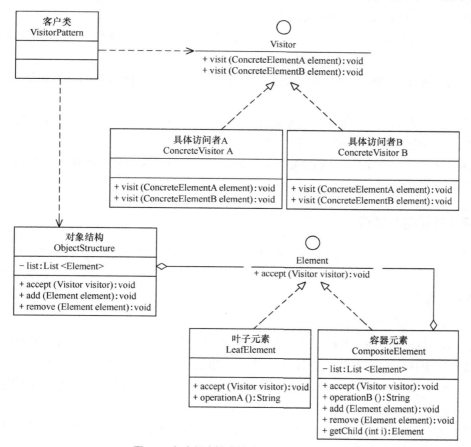

图 8.8　包含组合模式的访问者模式的结构图

8.3 备忘录模式

每个人都有犯错误的时候，都希望有种"后悔药"能弥补自己的过失，让自己重新开始，但现实是残酷的。在计算机应用中，客户同样会常常犯错误，能否提供"后悔药"给他们呢？当然是可以的，而且是有必要的。这个功能由"备忘录模式"来实现。

其实很多应用软件都提供了这项功能，如 Word、记事本、Photoshop、Eclipse 等软件在编辑时按 Ctrl+Z 组合键时能撤销当前操作，使文档恢复到之前的状态；还有在 IE 中的后退键、数据库事务管理中的回滚操作、玩游戏时的中间结果存档功能、数据库与操作系统的备份操作、棋类游戏中的悔棋功能等都属于这类。备忘录模式能记录一个对象的内部状态，当用户后悔时能撤销当前操作，使数据恢复到它原先的状态。

8.3.1 模式的定义与特点

备忘录（Memento）模式的定义：在不破坏封装性的前提下，捕获一个对象的内部状态，并在该对象之外保存这个状态，以便以后当需要时能将该对象恢复到原先保存的状态。该模式又叫快照模式。

备忘录模式是一种对象行为型模式，其主要优点如下。

（1）提供了一种可以恢复状态的机制。当用户需要时能够比较方便地将数据恢复到某个历史的状态。

（2）实现了内部状态的封装。除了创建它的发起人之外，其他对象都不能够访问这些状态信息。

（3）简化了发起人类。发起人不需要管理和保存其内部状态的各个备份，所有状态信息都保存在备忘录中，并由管理者进行管理，这符合单一职责原则。

其主要缺点是：资源消耗大。如果要保存的内部状态信息过多或者特别频繁，将会占用比较大的内存资源。

8.3.2 模式的结构与实现

备忘录模式的核心是设计备忘录类以及用于管理备忘录的管理者类，现在我们来学习其结构与实现。

1. 模式的结构

备忘录模式的主要角色如下。

（1）发起人（Originator）角色：记录当前时刻的内部状态信息，提供创建备忘录和恢复备忘录数据的功能，实现其他业务功能，它可以访问备忘录里的所有信息。

（2）备忘录（Memento）角色：负责存储发起人的内部状态，在需要的时候提供这些内部状态给发起人。

（3）管理者（Caretaker）角色：对备忘录进行管理，提供保存与获取备忘录的功能，但其不能对备忘录的内容进行访问与修改。

备忘录模式的结构图如图 8.9 所示。

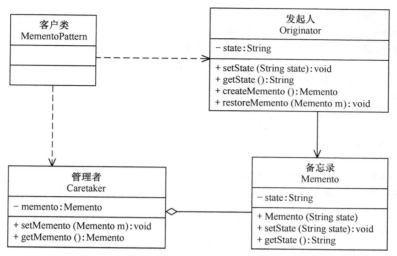

图 8.9　备忘录模式的结构图

2. 模式的实现

备忘录模式的实现代码如下：

```java
package memento;
public class MementoPattern {
    public static void main(String[] args) {
        Originator or = new Originator();
        Caretaker cr = new Caretaker();
        or.setState("S0");
        System.out.println("初始状态:"+or.getState());
        cr.setMemento(or.createMemento()); //保存状态
        or.setState("S1");
        System.out.println("新的状态:"+or.getState());
        or.restoreMemento(cr.getMemento()); //恢复状态
        System.out.println("恢复状态:"+or.getState());
    }
}
//备忘录
class Memento {
    private String state;
    public Memento(String state){
        this.state = state;
    }
    public void setState(String state) {
        this.state = state;
    }
    public String getState() {
        return state;
    }
}
```

```
//发起人
class Originator {
    private String state;
    public void setState(String state) {
        this.state = state;
    }
    public String getState() {
        return state;
    }
    public Memento createMemento(){
        return new Memento(state);
    }
    public void restoreMemento(Memento m){
        this.setState(m.getState());
    }
}
//管理者
class Caretaker {
    private Memento memento;
    public void setMemento(Memento m){
        memento = m;
    }
    public Memento getMemento(){
        return memento;
    }
}
```

程序运行的结果如下：

初始状态：S0

新的状态：S1

恢复状态：S0

8.3.3 模式的应用实例

【例 8.3】 利用备忘录模式设计相亲游戏。

分析：假如有西施、王昭君、貂蝉、杨玉环四大美女同你相亲，你可以选择其中一位作为你的爱人；当然，如果你对前面的选择不满意，还可以重新选择，但希望你不要太花心；这个游戏提供后悔功能，用"备忘录模式"设计比较合适。首先，先设计一个美女（Girl）类，它是备忘录角色，提供了获取和存储美女信息的功能；然后，设计一个相亲者（You）类，它是发起人角色，它记录当前时刻的内部状态信息（临时妻子的姓名），并提供创建备忘录和恢复备忘录数据的功能；最后，定义一个美女栈（GirlStack）类，它是管理者角色，负责对备忘录进行管理，用于保存相亲者（You）前面选过的美女信息，不过最多只能保存 4 个，提供后悔功能；客户类设计成窗体程序，它包含美女栈（GirlStack）对象和相亲者（You）对象，它实现了 ActionListener 接口的事件处理方法 actionPerformed（ActionEvent e），并将 4 大美女图像和相亲者（You）选择的美女图像在窗体中显示出来。图 8.10 所示是其结构图。

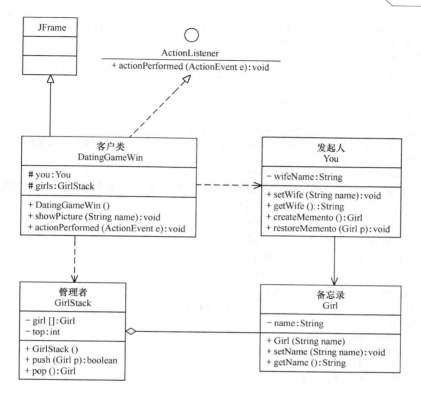

图 8.10　相亲游戏的结构图

程序代码如下：

```
package memento;
import java.awt.GridLayout;
import java.awt.event.*;
import javax.swing.*;
public class DatingGame {
    public static void main(String[] args) {
        new DatingGameWin();
    }
}
//客户窗体类
class DatingGameWin extends JFrame implements ActionListener{
    private static final long serialVersionUID = 1L;
    JPanel CenterJP,EastJP;
    JRadioButton girl1,girl2,girl3,girl4;
    JButton button1,button2;
    String FileName;
    JLabel g;
    You you;
    GirlStack girls;
    DatingGameWin(){
        super("利用备忘录模式设计相亲游戏");
        you = new You();
        girls = new GirlStack();
        this.setBounds(0, 0, 900, 380);
        this.setResizable(false);
        FileName="src/memento/Photo/四大美女.jpg";
```

```
            g = new JLabel(new ImageIcon(FileName),JLabel.CENTER);
            CenterJP=new JPanel();
            CenterJP.setLayout(new GridLayout(1,4));
            CenterJP.setBorder(BorderFactory.createTitledBorder("四大美女如下："));
            CenterJP.add(g);
            this.add("Center",CenterJP);
            EastJP=new JPanel();
            EastJP.setLayout(new GridLayout(1,1));
            EastJP.setBorder(BorderFactory.createTitledBorder("您选择的爱人是："));
            this.add("East",EastJP);
            JPanel SouthJP=new JPanel();
            JLabel info= new JLabel("四大美女有"沉鱼落雁之容、闭月羞花之貌"，您选择谁？");
            girl1=new JRadioButton("西施",true);
            girl2=new JRadioButton("貂蝉");
            girl3=new JRadioButton("王昭君");
            girl4=new JRadioButton("杨玉环");
            button1=new JButton("确定");
            button2=new JButton("返回");
            ButtonGroup group=new ButtonGroup();
            group.add(girl1);
            group.add(girl2);
            group.add(girl3);
            group.add(girl4);
            SouthJP.add(info);
            SouthJP.add(girl1);
            SouthJP.add(girl2);
            SouthJP.add(girl3);
            SouthJP.add(girl4);
            SouthJP.add(button1);
            SouthJP.add(button2);
            button1.addActionListener(this);
            button2.addActionListener(this);
            this.add("South",SouthJP);
            showPicture("空白");
            you.setWife("空白");
            girls.push(you.createMemento());//保存状态
    }
    //显示图片
    void showPicture(String name){
        EastJP.removeAll(); //清除面板内容
        EastJP.repaint(); //刷新屏幕
        you.setWife(name);
        FileName="src/memento/Photo/"+name+".jpg";
        g = new JLabel(new ImageIcon(FileName),JLabel.CENTER);
        EastJP.add(g);
        this.setVisible(true);
        this.setDefaultCloseOperation(JFrame.EXIT_ON_CLOSE);
    }
    @Override
    public void actionPerformed(ActionEvent e) {
        boolean ok=false;
        if(e.getSource()==button1){
            ok=girls.push(you.createMemento());//保存状态
            if(ok && girl1.isSelected()){
```

```
                    showPicture("西施");
                }else if(ok && girl2.isSelected()){
                    showPicture("貂蝉");
                }else if(ok && girl3.isSelected()){
                    showPicture("王昭君");
                }else if(ok && girl4.isSelected()){
                    showPicture("杨玉环");
                }
            }else if(e.getSource()==button2){
                you.restoreMemento(girls.pop()); //恢复状态
                showPicture(you.getWife());
            }
        }
    }
}
//备忘录：美女
class Girl {
    private String name;
    public Girl(String name){
        this.name = name;
    }
    public void setName(String name) {
        this.name = name;
    }
    public String getName() {
        return name;
    }
}
//发起人：相亲者
class You {
    private String wifeName;//妻子
    public void setWife(String name) {
        wifeName = name;
    }
    public String getWife() {
        return wifeName;
    }
    public Girl createMemento(){
        return new Girl(wifeName);
    }
    public void restoreMemento(Girl p){
        setWife(p.getName());
    }
}
//管理者：美女栈
class GirlStack {
    private Girl girl[];
    private int top;
    GirlStack(){
        girl=new Girl[5];
        top=-1;
    }
    public boolean push(Girl p){
        if(top>=4){
            System.out.println("你太花心了，变来变去的！");
            return false;
```

```
        }else{
            girl[++top]=p;
            return true;
        }
    }
    public Girl pop(){
        if(top<=0) {
            System.out.println("美女栈空了！");
            return girl[0];
        }
        else return girl[top--];
    }
}
```

程序运行结果如图 8.11 所示。

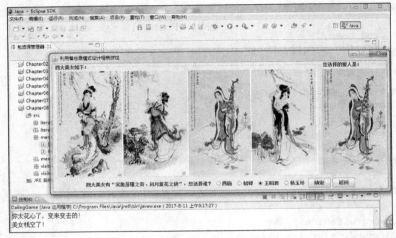

图 8.11　相亲游戏的运行结果

8.3.4　模式的应用场景

前面学习了备忘录模式的定义与特点、结构与实现，现在来看该模式的以下应用场景。

（1）需要保存与恢复数据的场景，如玩游戏时的中间结果的存档功能。

（2）需要提供一个可回滚操作的场景，如 Word、记事本、Photoshop、Eclipse 等软件在编辑时按 Ctrl+Z 组合键，还有数据库中事务操作。

8.3.5　模式的扩展

在前面介绍的备忘录模式中，有单状态备份的例子，也有多状态备份的例子。下面介绍备忘录模式如何同原型模式混合使用。在备忘录模式中，通过定义"备忘录"来备份"发起人"的信息，而原型模式的 clone()方法具有自备份功能，所以，如果让发起人实现 Cloneable 接口就有备份自己的功能，这时可以删除备忘录类，其结构图如图 8.12 所示。

实现代码如下：

```
package memento;
public class PrototypeMemento {
    public static void main(String[] args) {
```

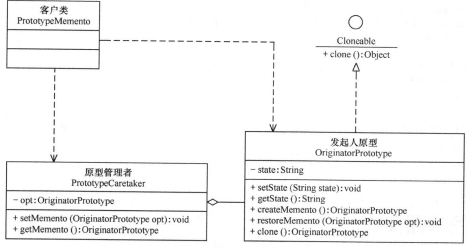

图 8.12　带原型的备忘录模式的结构图

```
        OriginatorPrototype or = new OriginatorPrototype();
        PrototypeCaretaker cr = new PrototypeCaretaker();
        or.setState("S0");
        System.out.println("初始状态:"+or.getState());
        cr.setMemento(or.createMemento()); //保存状态
        or.setState("S1");
        System.out.println("新的状态:"+or.getState());
        or.restoreMemento(cr.getMemento()); //恢复状态
        System.out.println("恢复状态:"+or.getState());
    }
}
//发起人原型
class OriginatorPrototype  implements Cloneable{
    private String state;
    public void setState(String state) {
        this.state = state;
    }
    public String getState() {
        return state;
    }
    public OriginatorPrototype createMemento(){
        return this.clone();
    }
    public void restoreMemento(OriginatorPrototype opt){
        this.setState(opt.getState());
    }
    public OriginatorPrototype clone(){
        try {
            return (OriginatorPrototype) super.clone();
        } catch (CloneNotSupportedException e) {
            e.printStackTrace();
        }
        return null;
    }
}
//原型管理者
class PrototypeCaretaker {
```

```java
        private OriginatorPrototype opt;
        public void setMemento(OriginatorPrototype opt){
            this.opt = opt;
        }
        public OriginatorPrototype getMemento(){
            return opt;
        }
    }
```

程序运行的结果如下：

初始状态：S0

新的状态：S1

恢复状态：S0

8.4 解释器模式

在软件开发中，会遇到有些问题多次重复出现，而且有一定的相似性和规律性。如果将它们归纳成一种简单的语言，那么这些问题实例将是该语言的一些句子，这样就可以用"编译原理"中的解释器模式来实现了。虽然使用该模式的实例不是很多，但对于满足以上特点，且对运行效率要求不是很高的应用实例，如果用解释器模式来实现，其效果是非常好的，本节将介绍其工作原理与使用方法。

8.4.1 模式的定义与特点

解释器（Interpreter）模式的定义：给分析对象定义一个语言，并定义该语言的文法表示，再设计一个解析器来解释语言中的句子。也就是说，用编译语言的方式来分析应用中的实例。这种模式实现了文法表达式处理的接口，该接口解释一个特定的上下文。

这里提到的文法和句子的概念同编译原理中的描述相同，"文法"指语言的语法规则，而"句子"是语言集中的元素。例如，汉语中的句子有很多，"我是中国人"是其中的一个句子，可以用一棵语法树来直观地描述语言中的句子。

解释器模式是一种类行为型模式，其主要优点如下。

① 扩展性好。由于在解释器模式中使用类来表示语言的文法规则，因此可以通过继承等机制来改变或扩展文法。

② 容易实现。在语法树中的每个表达式节点类都是相似的，所以实现其文法较为容易。

解释器模式的主要缺点如下。

① 执行效率较低。解释器模式中通常使用大量的循环和递归调用，当要解释的句子较复杂时，其运行速度很慢，且代码的调试过程也比较麻烦。

② 会引起类膨胀。解释器模式中的每条规则至少需要定义一个类，当包含的文法规则很多时，类的个数将急剧增加，导致系统难以管理与维护。

③ 可应用的场景比较少。在软件开发中，需要定义语言文法的应用实例非常少，所以这种模式很少被使用到。

8.4.2 模式的结构与实现

解释器模式常用于对简单语言的编译或分析实例中，为了掌握好它的结构与实现，必须先了解编译原理中的"文法、句子、语法树"等相关概念。

（1）文法：是用于描述语言的语法结构的形式规则。没有规矩不成方圆，例如，有些人认为完美爱情的准则是"相互吸引、感情专一、任何一方都没有恋爱经历"，虽然最后一条准则较苛刻，但任何事情都要有规则，语言也一样，不管它是机器语言还是自然语言，都有它自己的文法规则。例如，中文中的"句子"的文法如下。

〈句子〉::= 〈主语〉〈谓语〉〈宾语〉

〈主语〉::= 〈代词〉|〈名词〉

〈谓语〉::= 〈动词〉

〈宾语〉::= 〈代词〉|〈名词〉

〈代词〉::= 你 | 我 | 他

〈名词〉::= 大学生 | 筱霞 | 英语

〈动词〉::= 是 | 学习

注：这里的符号"::="表示"定义为"的意思，用"〈"和"〉"括住的是非终结符，没有括住的是终结符。

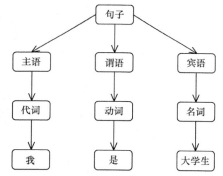

图 8.13 句子"我是大学生"的语法树

（2）句子：是语言的基本单位，是语言集中的一个元素，它由终结符构成，能由"文法"推导出。例如，上述文法可以推出"我是大学生"，所以它是句子。

（3）语法树：是句子结构的一种树型表示，它代表了句子的推导结果，它有利于理解句子语法结构的层次。图 8.13 所示是"我是大学生"的语法树。

有了以上基础知识，现在来介绍解释器模式的结构就简单了。解释器模式的结构与组合模式相似，不过其包含的组成元素比组合模式多，而且组合模式是对象结构型模式，而解释器模式是类行为型模式。

1. 模式的结构

解释器模式包含以下主要角色。

（1）抽象表达式（Abstract Expression）角色：定义解释器的接口，约定解释器的解释操作，主要包含解释方法 interpret()。

（2）终结符表达式（Terminal Expression）角色：是抽象表达式的子类，用来实现文法中与终结符相关的操作，文法中的每一个终结符都有一个具体终结表达式与之相对应。

（3）非终结符表达式（Nonterminal Expression）角色：也是抽象表达式的子类，用来实现文法中与非终结符相关的操作，文法中的每条规则都对应于一个非终结符表达式。

（4）环境（Context）角色：通常包含各个解释器需要的数据或是公共的功能，一般用来传递被所有解释器共享的数据，后面的解释器可以从这里获取这些值。

（5）客户端（Client）：主要任务是将需要分析的句子或表达式转换成使用解释器对象描述的抽象语法树，然后调用解释器的解释方法，当然也可以通过环境角色间接访问解释器的解释方法。

解释器模式的结构图如图 8.14 所示。

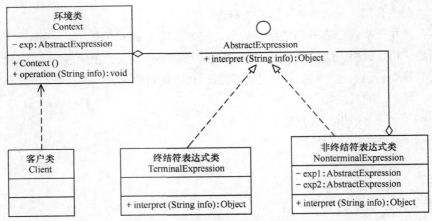

图 8.14　解释器模式的结构图

2. 模式的实现

解释器模式实现的关键是定义文法规则、设计终结符类与非终结符类、画出结构图，必要时构建语法树，其代码结构如下：

```java
//抽象表达式类
interface AbstractExpression{
    public Object interpret(String info); //解释方法
}
//终结符表达式类
class TerminalExpression implements AbstractExpression{
    public Object interpret(String info) {
        //对终结符表达式的处理
    }
}
//非终结符表达式类
class NonterminalExpression implements AbstractExpression{
    private AbstractExpression exp1;
    private AbstractExpression exp2;
    public Object interpret(String info) {
        //非对终结符表达式的处理
    }
}
//环境类
class Context{
    private AbstractExpression exp;
    public Context(){
        //数据初始化
    }
    public void operation(String info) {
        //调用相关表达式类的解释方法
    }
}
```

8.4.3　模式的应用实例

【例 8.4】 用解释器模式设计一个"韶粤通"公交车卡的读卡器程序。

说明：假如"韶粤通"公交车读卡器可以判断乘客的身份，如果是"韶关"或者"广州"的"老人""妇女""儿童"就可以免费乘车，其他人员乘车一次扣 2 元。

分析：本实例用"解释器模式"设计比较适合，首先设计其文法规则如下。

`<expression> ::= <city>的<person>`

`<city> ::= 韶关 | 广州`

`<person> ::= 老人 | 妇女 | 儿童`

然后，根据文法规则按以下步骤设计公交车卡的读卡器程序的类图。

（1）定义一个抽象表达式（Expression）接口，它包含了解释方法 interpret(String info)。

（2）定义一个终结符表达式（TerminalExpression）类，它用集合（Set）类来保存满足条件的城市或人，并实现抽象表达式接口中的解释方法 interpret(String info)，用来判断被分析的字符串是否是集合中的终结符。

（3）定义一个非终结符表达式（AndExpression）类，它也是抽象表达式的子类，它包含满足条件的城市的终结符表达式对象和满足条件的人员的终结符表达式对象，并实现 interpret(String info) 方法，用来判断被分析的字符串是否是满足条件的城市中的满足条件的人员。

（4）最后，定义一个环境（Context）类，它包含解释器需要的数据，完成对终结符表达式的初始化，并定义一个方法 freeRide(String info) 调用表达式对象的解释方法来对被分析的字符串进行解释。其结构图如图 8.15 所示。

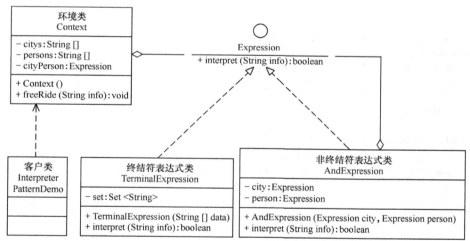

图 8.15　"韶粤通"公交车读卡器程序的结构图

程序代码如下：

```java
package interpreterPattern;
import java.util.*;
/*文法规则
  <expression> ::= <city>的<person>
  <city> ::= 韶关 | 广州
  <person> ::= 老人 | 妇女 | 儿童
*/
public class InterpreterPatternDemo {
    public static void main(String[] args) {
        Context bus=new Context();
        bus.freeRide("韶关的老人");
```

```
            bus.freeRide("韶关的年轻人");
            bus.freeRide("广州的妇女");
            bus.freeRide("广州的儿童");
            bus.freeRide("山东的儿童");
        }
    }
    //抽象表达式类
    interface Expression {
        public boolean interpret(String info);
    }
    //终结符表达式类
    class TerminalExpression implements Expression {
        private Set<String> set= new HashSet<String>();
        public TerminalExpression(String[] data){
            for(int i=0;i<data.length;i++)set.add(data[i]);
        }
        public boolean interpret(String info) {
            if(set.contains(info)){
                return true;
            }
            return false;
        }
    }
    //非终结符表达式类
    class AndExpression implements Expression {
        private Expression city = null;
        private Expression person = null;
        public AndExpression(Expression city,Expression person) {
            this.city = city;
            this.person = person;
        }
        public boolean interpret(String info) {
            String s[]=info.split("的");
            return city.interpret(s[0])&&person.interpret(s[1]);
        }
    }
    //环境类
    class Context{
        private String[] citys={"韶关","广州"};
        private String[] persons={"老人","妇女","儿童"};
        private Expression cityPerson;
        public Context(){
            Expression city=new TerminalExpression(citys);
            Expression person=new TerminalExpression(persons);
            cityPerson=new AndExpression(city,person);
        }
        public void freeRide(String info) {
            boolean ok=cityPerson.interpret(info);
            if(ok) System.out.println("您是"+info+"，您本次乘车免费！");
            else System.out.println(info+"，您不是免费人员，本次乘车扣费 2 元！");
        }
    }
```

程序运行结果如下：

您是韶关的老人，您本次乘车免费！

韶关的年轻人，您不是免费人员，本次乘车扣费 2 元！

您是广州的妇女，您本次乘车免费！

您是广州的儿童，您本次乘车免费！

山东的儿童，您不是免费人员，本次乘车扣费 2 元！

8.4.4　模式的应用场景

前面介绍了解释器模式的结构与特点，下面分析它的应用场景。

（1）当语言的文法较为简单，且执行效率不是关键问题时。

（2）当问题重复出现，且可以用一种简单的语言来进行表达时。

（3）当一个语言需要解释执行，并且语言中的句子可以表示为一个抽象语法树的时候，如 XML 文档解释。

 注意 解释器模式在实际的软件开发中使用比较少，因为它会引起效率、性能以及维护等问题。如果碰到对表达式的解释，在 Java 中可以用 Expression4J 或 Jep 等来设计。

8.4.5　模式的扩展

在项目开发中，如果要对数据表达式进行分析与计算，无须再用解释器模式进行设计了，Java 提供了以下强大的数学公式解析器：Expression4J、MESP（Math Expression String Parser）和 Jep 等，它们可以解释一些复杂的文法，功能强大，使用简单。

现在以 Jep 为例来介绍该工具包的使用方法。Jep 是 Java expression parser 的简称，即 Java 表达式分析器，它是一个用来转换和计算数学表达式的 Java 库。通过这个程序库，用户可以以字符串的形式输入一个任意的公式，然后快速地计算出其结果。而且 Jep 支持用户自定义变量、常量和函数，它包括许多常用的数学函数和常量。

使用前先下载 Jep 压缩包，解压后，将 jep-x.x.x.jar 文件移到选择的目录中，在 Eclipse 的"Java 构建路径"对话框的"库"选项卡中选择"添加外部 JAR(X)..."，将该 Jep 包添加到项目中后即可使用其中的类库。

下面以计算存款利息为例来介绍。存款利息的计算公式是：本金×利率×时间 = 利息，其相关代码如下：

```java
package interpreterPattern;
import com.singularsys.jep.*;
public class JepDemo {
    public static void main(String[] args) throws JepException {
        Jep jep = new Jep();
        //定义要计算的数据表达式
        String 存款利息 = "本金*利率*时间";
        //给相关变量赋值
        jep.addVariable("本金", 10000);
        jep.addVariable("利率", 0.038);
        jep.addVariable("时间", 2);
```

```
        jep.parse(存款利息); //解析表达式
        Object accrual = jep.evaluate();//计算
        System.out.println("存款利息： " + accrual);
    }
}
```

程序运行结果如下：

存款利息： 760.0

8.5 本章小结

本章主要介绍了迭代器模式、访问者模式、备忘录模式、解释器模式的定义、特点、结构、实现方法与扩展方向，并通过多个应用实例来说明这 4 种设计模式的应用场景和使用方法。

8.6 习题

一、单选题

1. 以下意图（　　）可用来描述备忘录（Memento）。

    A. 保证一个类仅有一个实例，并提供一个访问它的全局访问点

    B. 将一个请求封装为一个对象，从而使用户可用不同的请求对客户进行参数化；对请求排队或记录请求日志，以及支持可撤销的操作

    C. 在不破坏封装性的前提下，捕获一个对象的内部状态，并在该对象之外保存这个状态，这样以后就可将该对象恢复到原先保存的状态

    D. 提供一种方法顺序访问一个聚合对象中各个元素，而又不需暴露该对象的内部表示

2. 以下意图（　　）可用来描述解释器（Interpreter）。

    A. 将抽象部分与它的实现部分分离，使它们都可以独立变化

    B. 给定一个语言，定义它的文法的一种表示，并定义一个解释器，这个解释器使用该表示来解释语言中的句子

    C. 将一个复杂对象的构建与它的表示分离，使得同样的构建过程可以创建不同的表示

    D. 为其他对象提供一种代理以控制对这个对象的访问

3. 封装分布于多个类之间的行为的模式是（　　）。

    A. 观察者（Observer）模式　　　　　　　　B. 迭代器（Iterator）模式

    C. 访问者（Visitor）模式　　　　　　　　D. 策略（Strategy）模式

4. 以下意图（　　）可用来描述访问者（Visitor）。

    A. 定义对象间的一种一对多的依赖关系，当一个对象的状态发生改变时，所有依赖于它的对象都得到通知并被自动更新

    B. 表示一个作用于某对象结构中的各元素的操作

    C. 在不破坏封装性的前提下，捕获一个对象的内部状态，并在该对象之外保存这个状态，这样以后就可将该对象恢复到原先保存的状态

D.　用原型实例指定创建对象的种类，并且通过复制这些原型创建新的对象

二、多选题

1.　以下意图（　　　）可用来描述迭代器（Iterator）。

A.　使多个对象都有机会处理请求，从而避免请求的发送者和接收者之间的耦合关系

B.　用原型实例指定创建对象的种类，并且通过复制这些原型创建新的对象

C.　提供一种方法顺序访问一个聚合对象中各个元素，而又不需暴露该对象的内部表示

D.　运用共享技术有效地支持大量细粒度的对象

2.　下面（　　　）是访问者模式的优缺点。

A.　访问者模式使得易于增加新的操作　　　B.　访问者集中相关的操作而分离无关的操作

C.　增加新的 ConcreteElment 类很困难　　　D.　通过类层次进行访问

3.　备忘录模式有以下（　　　）的效果。

A.　保持封装边界　　　　　　　　　　　　B.　它简化了原发器

C.　使用备忘录可能代价很高　　　　　　　D.　维护备忘录的潜在代价

三、简答题

1.　简述迭代器模式的结构，并画出其结构图。

2.　说明访问者模式的定义与主要优缺点。

3.　举例说明备忘录模式的应用场景。

4.　简述文法、句子和语法树的概念。

5.　简述如何使用 Jep 分析器进行表达式的分析。

6.　请说出几个在 JDK 库中使用设计模式的例子。

四、编程题

1.　认真分析图 8.16 所示类图，完成相关要求。

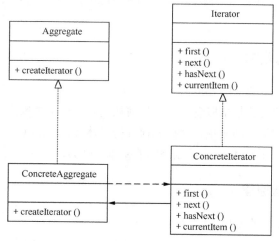

图 8.16　类图

要求：（1）选择了什么设计模式?

　　　（2）写出其程序代码。

2.　定义一个文法规则，并设计一个解释器，完成对句子的解释。

9 第9章 设计模式实验指导

📖 **本章教学目标：**

- 了解类的基本概念和类之间的关系；
- 学会在 UMLet 中绘制相关类图；
- 了解创建型、结构型和行为型等 3 类设计模式的工作原理；
- 掌握 3 类设计模式的类图的画法；
- 学会在应用程序开发中灵活使用 3 类设计模式。

📖 **本章重点内容：**

- 在 UMLet 中绘制类图；
- 3 类设计模式的工作原理；
- 3 类设计模式的类图的画法；
- 使用 3 类设计模式开发应用程序。

9.1 UMLet 的使用与类图的设计

本实验是为后续实验做准备的。在本书中，各个程序实例都要画类图，所以读者必须掌握用某种 UML 建模工具来画类图，本书选择 UMLet 作为 UML 的建模工具。

9.1.1 实验目的

本实验的主要目的如下。

（1）理解类的基本概念，掌握如何从需求分析中抽象出类的方法。

（2）理解类之间关系，掌握如何分析具体实例中的类之间的关系。

（3）掌握在 UMLet 中绘制类图的基本操作方法。

9.1.2 实验原理

1. UMLet 的使用

UMLet 是一款免费且开源的 UML 建模工具，它可以将原型导出为 bmp、eps、gif、jpg、pdf、png、svg 等格式，还可以集成到 Eclipse 中，作为 Eclipse 的插件在 Windows、Mac OS 和 Linux 等平台上运行。它可在 UMLet 官网下载安装。

　　用 UMLet 建模非常简单，方法如下：首先打开 UMLet，然后在窗体右上侧区域内双击想要添加的对象，该对象将被自动添加到面板中；再选中刚刚添加进来的对象，并在右下角的属性面板中修改该对象的属性；最后保存创建完成的 UML 模型图。如果需要还可将结果导出为其他格式的文件，如图 9.1 所示。

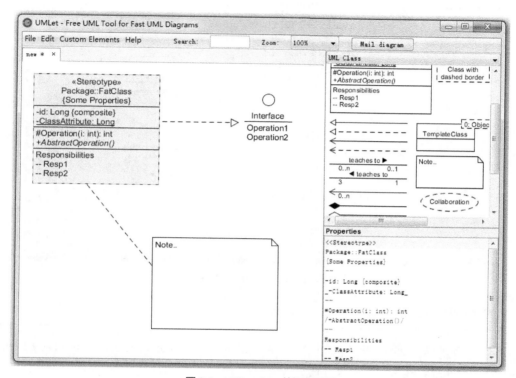

图 9.1　UMLet 14.2 的运行界面

　　如果要在 Eclipse 中安装 UMLet 插件，其方法如下。

　　（1）下载相关版本的 UMLet 插件的压缩包，然后将解压的文件 com.umlet.plugin-14.2.jar 复制到 Eclipse 下的 plugins 目录下。

　　（2）重启 Eclipse，选择"文件(F)"→"新建(N)"→"其他(O)..."→"UMlet Diagram"，建立 UML 模型，如图 9.2 所示。

　　UMLet 在 Eclipse 中的使用方法同前面介绍的一样。

　　2. 类图的 UML 表示

　　UML 中定义了用例图、类图、对象图、状态图、活动图、时序图、协作图、构件图、部署图等 9 种图形，在"软件设计模式"中经常用到的是类图，所以本实验主要介绍类图的画法，以及类与类之间的关系。

　　（1）类

　　类是面向对象系统组织结构的核心，它是对一组具有相同属性、操作、关系和语义的对象的抽象。在 UML 中，类使用带有分隔线的矩形来表示，它包括名称部分（Name）、属性部分（Attribute）和操作部分（Operation）。

　　其中，属性的表示形式是：[可见性] 属性名:类型 [=默认值]

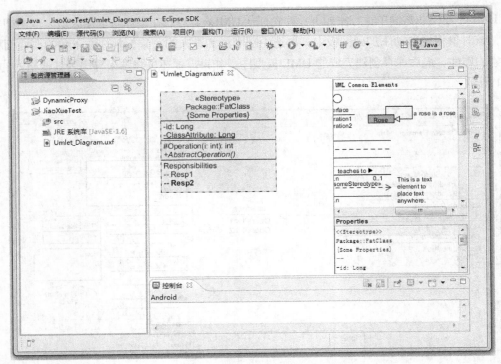

图 9.2　在 Eclipse 中安装 UMLet 插件

操作的表示形式是：[可见性] 名称(参数列表) [: 返回类型]

图 9.3 所示是类的 UML 图形表示方式。

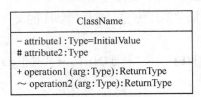

图 9.3　类的 UML 画法

（2）类之间的关系

在软件系统中，类不是孤立存在的，类与类之间存在各种关系。根据类与类之间的耦合度从弱到强排列，有依赖关系、关联关系、聚合关系、组合关系、泛化关系和实现关系等 6 种，它们的功能在第 1 章已经介绍，下面介绍它们在 UML 中的表示方式。

① 依赖关系（Dependency），使用带箭头的虚线来表示，箭头从使用类指向被依赖的类。

② 关联关系（Association），分为双向关联和单向关联两种。其中，双向关联可以用带两个箭头或者没有箭头的实线来表示，单向关联用带一个箭头的实线来表示，箭头从使用类指向被关联的类。还可以在关联线的两端标注角色名，补充说明它们的角色。

③ 聚合关系（Aggregation），用带空心菱形的实线来表示，菱形指向整体。
④ 组合关系（Composition），用带实心菱形的实线来表示，菱形指向整体。
⑤ 泛化关系（Generalization），用带空心三角箭头的实线来表示，箭头从子类指向父类。
⑥ 实现关系（Realization），用带空心三角箭头的虚线来表示，箭头从实现类指向接口。
图 9.4 所示是类之间的关系在 UML 中的图形表示方式。

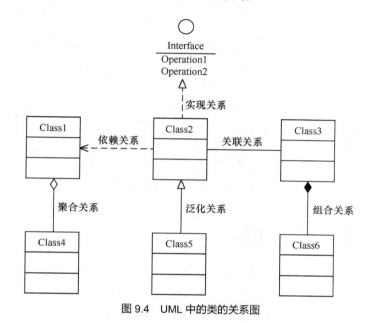

图 9.4　UML 中的类的关系图

9.1.3　实验内容

（1）通过对"类之间的关系"的学习，在生活中找到相关实例。
（2）用 UMLet 对以上实例中的类的关系建模。

9.1.4　实验要求

所设计的实验必须满足以下两点。
（1）类图中至少有一个类包含相关属性和方法，目的是掌握属性和方法的画法。
（2）所举的若干实例要包含前面介绍的 UML 类与类之间的 6 种关系，并正确画出其相互关系图。

9.1.5　实验步骤

（1）进行需求分析，从生活中提取出相关实例。
（2）分析以上实例，找到相关类并确定它们之间的关系，然后利用 UMLet 画出类以及类之间的关系图，图 9.5 以对理学家朱熹的介绍为例介绍类图的画法。
（3）整理实验结果，写出实验的心得体会。

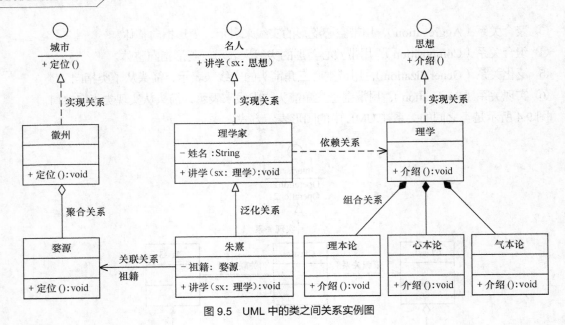

图 9.5　UML 中的类之间关系实例图

9.2　创建型模式应用实验

创建型模式（Creational Pattern）的主要特点是将对象的创建与使用分离，根据对象的创建与组合方式的不同，创建型模式可分为单例（Singleton）模式、原型（Prototype）模式、工厂方法（Factory Method）模式、抽象工厂（Abstract Factory）模式和建造者（Builder）模式 5 种。

9.2.1　实验目的

本实验的主要目的如下。

（1）了解 5 种"创建型模式"的定义、特点和工作原理。

（2）理解 5 种"创建型模式"的结构、实现和应用场景。

（3）学会应用 5 种"创建型模式"进行软件开发。

9.2.2　实验原理

1. 创建型模式的工作原理

创建型模式隐藏了对象的创建细节，对象的创建由相关的工厂来完成，使用者不需要关注对象的创建细节，这样可以降低系统的耦合度。创建型模式共 5 种，它们的工作原理在第 2 章和第 3 章有详细介绍，每种模式的实验大概要花 2 个学时，大家可以根据实验计划来选做若干个实验，下面以工厂方法模式为例，介绍其实验过程。

2. 工厂方法模式的工作原理

工厂方法模式（Factory Method Pattern），也叫虚拟构造器（Virtual Constructor）模式或者多态工厂（Polymorphic Factory）模式。在工厂方法模式中，工厂父类负责定义创建产品对象的公共接口，而工厂子类则负责生成具体的产品对象，这样做的目的是将产品类的实例化操作延迟到工厂子类中完成。其结构图如图 9.6 所示。

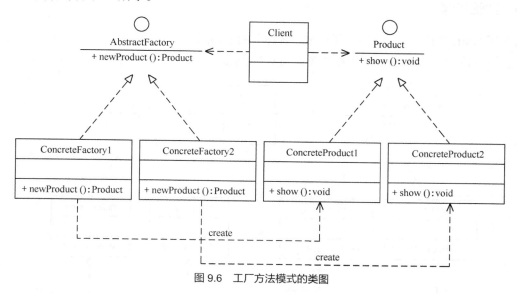

图 9.6　工厂方法模式的类图

工厂方法模式包含如下角色。

（1）抽象工厂（Abstract Factory）：提供了创建产品的接口，调用者通过它访问具体工厂的工厂方法 newProduct() 来创建产品。

（2）具体工厂（Concrete Factory）：主要是实现抽象工厂中的抽象方法，完成具体产品的创建。

（3）抽象产品（Product）：定义了产品的规范，描述了产品的主要特性和功能。

（4）具体产品（Concrete Product）：实现了抽象产品角色所定义的接口，由具体工厂来创建，它同具体工厂之间一一对应。

工厂方法模式的特点是当系统扩展需要添加新的产品对象时，仅仅需要添加一个具体产品对象以及一个具体工厂对象，原有工厂对象不需要进行任何修改，也不需要修改客户端，很好地符合了"开闭原则"。

9.2.3　实验内容

（1）用工厂方法模式设计一个电动自行车工厂的模拟程序。

要求：要为每种品牌的电动自行车提供一个子工厂，如爱玛工厂专门负责生产爱玛（Aima）牌电动自行车，雅迪工厂专门负责生产雅迪（Yadea）牌电动自行车。如果今后需要生产台铃（Tailg）牌电动自行车，只需要增加一个新的台铃电动自行车工厂即可，无须修改原有代码，使得整个系统具有更强的灵活性和可扩展性。

（2）按照以上要求设计类图和编写 Java 源程序。

9.2.4　实验要求

所设计的实验程序要满足以下两点。

（1）体现"工厂方法模式"的工作原理。

（2）符合面向对象中的"开闭原则"。

9.2.5 实验步骤

（1）用 UML 设计"电动自行车工厂模拟程序"的结构图。

"电动自行车工厂模拟程序"的结构图如图 9.7 所示。

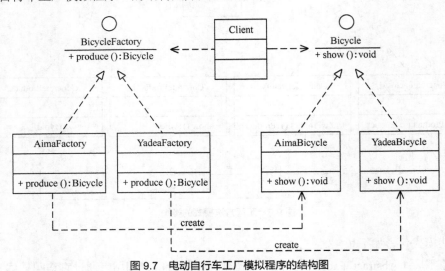

图 9.7 电动自行车工厂模拟程序的结构图

（2）根据结构图写出"电动自行车工厂模拟程序"的源代码。

① 电动自行车工厂模拟程序的源代码如下。

```java
package FactoryMethod;
import java.awt.*;
import javax.swing.*;
public class BicycleFactoryTest {
    public static void main(String[] args) {
        try
        {
            Bicycle a;
            BicycleFactory bf;
            bf=(BicycleFactory) ReadXML.getObject();
            a=bf.produce();
            a.show();
        }
        catch(Exception e)
        {
            System.out.println(e.getMessage());
        }
    }
}
//抽象产品：自行车
interface Bicycle {
    public void show();
}
//具体产品：爱玛自行车
class AimaBicycle implements Bicycle
{
    JScrollPane sp;
```

```
        JFrame jf = new JFrame("工厂方法模式测试");
        public AimaBicycle() {
            JPanel p1 = new JPanel();
            p1.setLayout(new GridLayout(1,1));
            p1.setBorder(BorderFactory.createTitledBorder("爱玛自行车"));
            JLabel l1 = new JLabel(new ImageIcon("src/FactoryMethod/AIMABicycle.jpg"));
            p1.add(l1);
            sp = new JScrollPane(p1);
            Container contentPane = jf.getContentPane();
            contentPane.add(sp, BorderLayout.CENTER);
            jf.pack();
            jf.setVisible(false);
            jf.setDefaultCloseOperation(JFrame.EXIT_ON_CLOSE);//用户点击窗口关闭
        }
        public void show()
        {
            jf.setVisible(true);
        }
}
//具体产品: 雅迪自行车
class YadeaBicycle implements Bicycle
{
    JScrollPane sp;
    JFrame jf = new JFrame("工厂方法模式测试");
    public YadeaBicycle() {
        JPanel p1 = new JPanel();
        p1.setLayout(new GridLayout(1,1));
        p1.setBorder(BorderFactory.createTitledBorder("雅迪自行车"));
        JLabel l1 = new JLabel(new ImageIcon("src/FactoryMethod/YadeaBicycle.jpg"));
        p1.add(l1);
        Container contentPane = jf.getContentPane();
        sp = new JScrollPane(p1);
        contentPane.add(sp, BorderLayout.CENTER);
        jf.pack();
        jf.setVisible(false);
        jf.setDefaultCloseOperation(JFrame.EXIT_ON_CLOSE);//用户点击窗口关闭
    }
    public void show()
    {
        jf.setVisible(true);
    }
}
//抽象工厂: 自行车工厂
interface BicycleFactory {
    public Bicycle produce();
}
//具体工厂: 爱玛工厂
class AimaFactory implements BicycleFactory
{
    public Bicycle produce()
    {
        System.out.println("爱玛自行车生产了! ");
```

235

```
            return new AimaBicycle();
    }
}
//具体工厂：雅迪工厂
class YadeaFactory implements BicycleFactory
{
    public Bicycle produce()
    {
            System.out.println("雅迪自行车生产了！");
            return new YadeaBicycle();
    }
}
```

② 对象生成器的源代码如下。

```
package FactoryMethod;
import javax.xml.parsers.*;
import org.w3c.dom.*;
import java.io.*;
class ReadXML
{
    public static Object getObject()
    {
        try
        {
                DocumentBuilderFactory dFactory = DocumentBuilderFactory.newInstance();
                DocumentBuilder builder = dFactory.newDocumentBuilder();
                Document doc;
                doc = builder.parse(new File("src/FactoryMethod/config.xml"));
                NodeList nl = doc.getElementsByTagName("className");
                Node classNode=nl.item(0).getFirstChild();
                String cName="FactoryMethod."+classNode.getNodeValue();
                System.out.println("新类名："+cName);
                Class<?> c=Class.forName(cName);
                Object obj=c.newInstance();
                return obj;
        }
        catch(Exception e)
        {
                e.printStackTrace();
                return null;
        }
    }
}
```

③ 配置文件如下。

```
<?xml version="1.0" encoding="UTF-8"?>
<config>
    <className>AimaFactory</className>
</config>
```

（3）上机测试程序，写出运行结果。

"电动自行车工厂模拟程序"的运行结果如图9.8所示。

（4）按同样的步骤设计其他"创建型模式"的程序实例。

（5）写出实验心得。

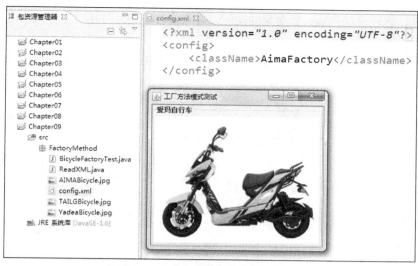

图 9.8 电动自行车工厂模拟程序的运行结果

9.3 结构型模式应用实验

结构型模式（Structural Pattern）描述如何将类或者对象结合在一起形成更大的结构，就像搭积木，可以通过简单积木的组合形成复杂的、功能更为强大的结构。结构型模式可以分为类结构型模式和对象结构型模式，也可分为代理模式（Proxy）、适配器模式（Adapter）、桥接模式（Bridge）、装饰模式（Decorator）、外观模式（Facade）、享元模式（Flyweight）和组合模式（Composite）等 7 类。

9.3.1 实验目的

本实验的主要目的如下。

（1）了解 7 种"结构型模式"的定义、特点和工作原理。

（2）理解 7 种"结构型模式"的结构、实现和应用场景。

（3）学会应用 7 种"结构型模式"进行软件开发。

9.3.2 实验原理

1. 结构型模式的工作原理

结构型模式重点考虑类或对象的布局方式，其目的是将现有类或对象组成更大的结构。按照其显示方式的不同，结构型模式可分为类结构型模式和对象结构型模式。前者采用继承机制来组织接口和类，后者采用组合或聚合来组合对象。由于组合关系和或聚合关系比继承关系耦合度低，满足"合成复用原则"，所以对象结构型模式比类结构型模式具有更大的灵活性。如果按目的来分，结构型模式共 7 种，它们的工作原理在第 4 章和第 5 章有详细介绍，每种模式的实验大概要花 2 个学时，大家可以根据实验计划来选做若干个实验。下面以代理（Proxy）模式为例，介绍其实验过程。

2. 代理模式的工作原理

代理模式是在访问对象和目标对象之间增加一个代理对象，该对象起到中介作用和保护目标对象的作用。另外，它还可以扩展目标对象的功能，并且将客户端与目标对象分离，这在一定程度上降低了系统的耦合度。

代理模式的结构比较简单，主要是通过定义一个继承抽象主题的代理来包含真实主题，从而实现对真实主题的访问，其结构图如图 9.9 所示。

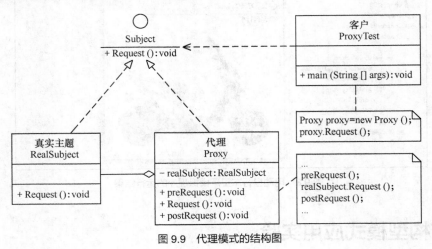

图 9.9　代理模式的结构图

代理模式的主要角色如下。

（1）抽象主题（Subject）类：通过接口或抽象类声明真实主题和代理对象实现的业务方法。

（2）真实主题（Real Subject）类：实现了抽象主题中的具体业务，是代理对象所代表的真实对象，是最终要引用的对象。

（3）代理（Proxy）类：提供了与真实主题相同的接口，其内部含有对真实主题的引用，它可以访问或控制或扩展真实主题的功能。

9.3.3　实验内容

（1）用代理模式设计一个房产中介的模拟程序。

要求：房产中介有介绍和代售韶关碧桂园房子的权利，以及登记购房者信息权利。这里的房产中介是代理者，韶关碧桂园是真实主题。

（2）按照以上要求设计类图和编写 Java 源程序。

9.3.4　实验要求

所设计的实验程序要满足以下两点。

（1）体现"代理模式"的工作原理。

（2）符合面向对象中的"开闭原则"和"里氏替换原则"。

9.3.5　实验步骤

（1）用 UML 设计"房产中介"模拟程序的结构图。

"房产中介"模拟程序的结构图如图 9.10 所示。

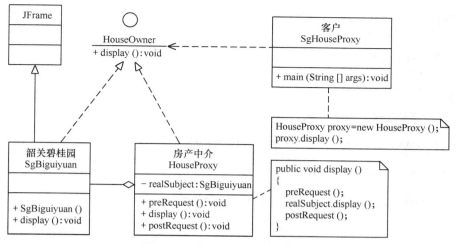

图 9.10　房产中介模拟程序的结构图

（2）根据结构图写出"房产中介"模拟程序的源代码。

房产中介模拟程序的源代码如下。

```java
package proxy;
import java.awt.*;
import javax.swing.*;
public class SgHouseProxy {
    public static void main(String[] args) {
        HouseProxy proxy = new HouseProxy();
        proxy.display();
    }
}
//抽象主题：房主
interface HouseOwner
{
    void display();
}
//真实主题：韶关碧桂园
class SgBiguiyuan extends JFrame implements HouseOwner
{
    private static final long serialVersionUID = 1L;
    public SgBiguiyuan()
    {
        super("房产中介代售韶关碧桂园房子");
    }
    public void display()
    {
        this.setLayout(new GridLayout(1,1));
        JLabel l1 = new JLabel(new ImageIcon("src/proxy/SgBiguiyuan.jpg"));
        this.add(l1);
        this.pack();
        this.setVisible(true);
        this.setDefaultCloseOperation(JFrame.EXIT_ON_CLOSE);
    }
}
//代理：房产中介
class HouseProxy implements HouseOwner
{
```

```
        private SgBiguiyuan realSubject = new SgBiguiyuan();
        public void display()
        {
            preRequest();
            realSubject.display();
            postRequest();
        }
        public void preRequest()
        {
            System.out.println("房产中介介绍韶关碧桂园房子。");
        }
        public void postRequest()
        {
            System.out.println("房产中介登记购房者信息。");
        }
    }
```

（3）上机测试程序，写出运行结果。

"房产中介"模拟程序的运行结果如图 9.11 所示。

图 9.11 房产中介模拟程序的运行结果

（4）按同样的步骤设计其他"结构型模式"的程序实例。

（5）写出实验心得。

9.4 行为型模式应用实验

行为型模式（Behavioral Pattern）是对在不同的对象之间划分责任和算法的抽象化，它是 GoF 设计模式中最为庞大的一类模式，包含以下 11 种：模板方法（Template Method）模式、策略（Strategy）模式、命令（Command）模式、职责链（Chain of Responsibility）模式、状态（State）模式、观察者（Observer）模式、中介者（Mediator）模式、迭代器（Iterator）模式、访问者（Visitor）模式、备忘录（Memento）模式、解释器（Interpreter）模式。

9.4.1　实验目的

本实验的主要目的如下。

（1）了解 11 种"行为型模式"的定义、特点和工作原理。

（2）理解 11 种"行为型模式"的结构、实现和应用场景。

（3）学会应用 11 种"行为型模式"进行软件开发。

9.4.2　实验原理

1.　行为型模式的工作原理

行为型模式用于描述程序在运行时复杂的流程控制，即描述多个类或对象之间怎样相互协作共同完成单个对象无法单独完成的任务，它涉及算法与对象间职责的分配。按照其显示方式的不同，行为型模式可分为类行为模式和对象行为模式，其中类行为型模式使用继承关系在几个类之间分配行为，主要通过多态等方式来分配父类与子类的职责；对象行为型模式则使用对象的组合或聚合关联关系来分配行为，主要是通过对象关联等方式来分配两个或多个类的职责。由于组合关系或聚合关系比继承关系耦合度低，满足"合成复用原则"，所以对象行为模式比类行为模式具有更大的灵活性。如果按目的来分，行为型模式共 11 种，每种模式的工作原理在第 6 章、第 7 章和第 8 章都有详细的介绍，每种模式的实验大概要花2 个学时，大家可以根据实验计划来选做若干个实验。下面以观察者模式为例，介绍其实验过程。

2.　观察者模式的工作原理

观察者模式是一种对象行为型模式，用于解决多个对象间存在的一对多的依赖关系。在现实世界中，许多对象并不是独立存在的，其中一个对象的状态发生改变可能会导致一个或者多个其他对象也发生改变，如物价与消费者、股价与股民、天气预报与农民、警察与小偷、事件源与事件处理者等。这种模式有时又称作发布-订阅模式、模型-视图模式，其结构图如图 9.12 所示。

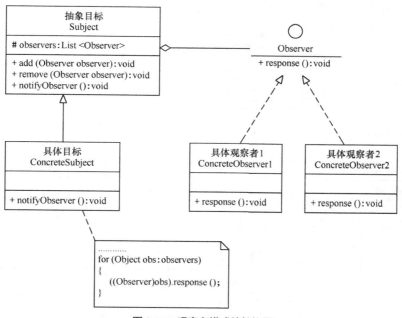

图 9.12　观察者模式的结构图

观察者模式包含如下角色。

（1）抽象主题/目标（Subject）角色：提供了一个用于保存观察者对象的聚集类和一个管理观察者对象的接口，它包含了增加、删除和通知所有观察者的抽象方法。

（2）具体主题/目标（Concrete Subject）角色：实现抽象目标中的方法，当具体目标的内部状态发生改变时，通知所有注册过的观察者对象。

（3）抽象观察者（Observer）角色：定义一个更新接口，它包含了一个更新自己的抽象方法。

（4）具体观察者（Concrete Observer）角色：实现抽象观察者定义的更新接口，以便在得到目标更改通知时更新自身的状态。

9.4.3　实验内容

（1）用观察者模式设计一个交通信号灯的事件处理程序。

分析："交通信号灯"是事件源和目标，各种"车"是事件监听器和具体观察者，"信号灯颜色"是事件类。

（2）按照以上要求设计类图和编写 Java 源程序。

9.4.4　实验要求

所设计的实验程序要满足以下两点。

（1）体现"观察者模式"的工作原理。

（2）符合面向对象中的"开闭原则"。

9.4.5　实验步骤

（1）用 UML 设计"交通信号灯事件处理程序"的结构图。

"交通信号灯事件处理程序"的结构图如图 9.13 所示。

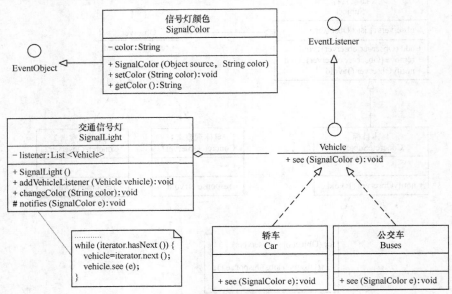

图 9.13　交通信号灯事件处理程序的结构图

（2）根据结构图写出"交通信号灯事件处理程序"的源代码。

交通信号灯事件处理程序的源代码如下。

```java
package observer;
import java.util.*;
public class SignalLightEvent {
    public static void main(String[] args) {
        SignalLight light = new SignalLight();//交通信号灯（事件源）
        light.addVehicleListener(new Car());   //注册监听器（轿车）
        light.addVehicleListener(new Buses());//注册监听器（公交车）
        light.changeColor("红色");
        System.out.println("------------");
        light.changeColor("绿色");
    }
}
//信号灯颜色
class SignalColor extends EventObject{
    private String color; //"红色"和"绿色"
    public SignalColor(Object source,String color) {
        super(source);
        this.color = color;
    }
    public void setColor(String color) {
        this.color = color;
    }
    public String getColor() {
        return this.color;
    }
}
//目标类：事件源，交通信号灯
class SignalLight {
    private List<Vehicle> listener; //监听器容器
    public SignalLight(){
        listener = new ArrayList<Vehicle>();
    }
    //给事件源绑定监听器
    public void addVehicleListener(Vehicle vehicle){
        listener.add(vehicle);
    }
    //事件触发器：信号灯改变颜色
    public void changeColor(String color) {
        System.out.println(color+"信号灯亮...");
        SignalColor event = new SignalColor(this, color);
        notifies(event);//通知注册在该事件源上的所有监听器
    }
    //事件通知方法
    protected void notifies(SignalColor e){
        Vehicle vehicle = null;
        Iterator<Vehicle> Iterator = listener.Iterator();
        while(Iterator.hasNext()){
            vehicle = Iterator.next();
            vehicle.see(e);
        }
```

```
        }
    }
//抽象观察者类：车
interface Vehicle extends EventListener {
    //事件处理方法，看见
    public void see(SignalColor e);
}
//具体观察者类：轿车
class Car implements Vehicle {
    public void see(SignalColor e){
        if("红色".equals(e.getColor())){
            System.out.println("红灯亮，轿车停! ");
        }else{
            System.out.println("绿灯亮，轿车行! ");
        }
    }
}
//具体观察者类：公交车
class Buses implements Vehicle {
    public void see(SignalColor e){
        if("红色".equals(e.getColor())){
            System.out.println("红灯亮，公交车停! ");
        }else{
            System.out.println("绿灯亮，公交车行! ");
        }
    }
}
```

（3）上机测试程序，写出运行结果。

交通信号灯事件处理程序的运行结果如下：

红色信号灯亮...

红灯亮，轿车停!

红灯亮，公交车停!

绿色信号灯亮...

绿灯亮，轿车行!

绿灯亮，公交车行!

（4）按同样的步骤设计其他"观察者模式"的程序实例。

（5）写出实验心得。

9.5 本章小结

本章主要介绍了类的基本概念和类之间关系，讲解了在 UMLet 中绘制类图的基本方法，分析了创建型、结构型和行为型等 3 类设计模式的工作原理，并以工厂方法（Factory Method）模式、代理（Proxy）模式和观察者（Observer）模式为例介绍其相关类图的画法，以及应用相关设计模式开发应用程序的基本方法。每个实验都介绍了其实验目的、实验原理、实验内容、实验要求和实验步骤。